Philipp Schwarz

Stärkehaltige Rohstoffe in der Brennerei

für Whisky, Korn & Co.

Inhalt

Lesen Sie die nächsten 2 Ausgaben von Kleinbrennerei kostenlos!

Wenn Sie sich innerhalb von 14 Tagen nach Erhalt der 2. Ausgabe nicht bei uns melden, beziehen Sie Kleinbrennerei regelmäßig im Jahresabonnement weiter. Dieses Angebot gilt für alle Interessenten, die in den letzten 6 Monaten kein Test-Abo bestellt haben.

- ➔ Jahresbezugspreis: Inland 55,20 € / Ausland 60,00 €
  (inkl. Online-Zugang, Porto und MwSt., Stand 2019)
- ➔ Erscheinungsweise: monatlich
- ➔ Kündigungsfrist: 6 Wochen zum Ende des Rechnungszeitraumes

Widerrufsbelehrung: Sie können diese Vereinbarung innerhalb von 14 Tagen nach Bestelleingang beim Verlag Eugen Ulmer, Wollgrasweg 41, 70599 Stuttgart, Telefon 0711 4507 - 105, Fax 0711 4507 - 120, leserservice@ulmer.de, widerrufen. Gesetzlicher Vertreter: Matthias Ulmer, Registergericht Stuttgart, HRA 581. Zur Wahrung der Frist genügt das rechtzeitige Absenden des Widerrufs (Poststempel).

MEINE ANGABEN

☐ Ja, ich möchte den Kleinbrennerei-Newsletter per E-Mail erhalten.

Name, Vorname

Firma

Straße, Hausnummer

Ort, PLZ

E-Mail

Telefon (für evtl. Rückfragen)

Ich bin mit der Kontaktaufnahme zum Zwecke meiner Beratung, Information und der Zusendung von Infomaterial des Verlags Eugen Ulmer einverstanden. Ich bin darüber informiert, dass ich diese Einwilligung jederzeit ohne Nachteile widerrufen kann. Vom Verlag Eugen Ulmer wird mir versichert, dass meine datenschutzrechtlichen Belange ohne Einschränkung gewährleistet werden und keine Übermittlung meiner Daten an Dritte zu Werbezwecken erfolgt. Wir verarbeiten Ihre Daten zur Durchführung des Vertrags, zur Pflege der Kundenbeziehungen und der werblichen Kommunikation. Weitere Informationen zum Datenschutz finden Sie unter www.ulmer.de/datenschutz.

Datum, Unterschrift

BL_BUCH / (205-05)

Vorwort

Mit den gesetzlichen Änderungen vom 01.01.2018 ist es für den Kleinbrenner interessant geworden, sein Produkt-Portfolio mit Destillaten aus Getreide, Kartoffeln und Bier sowie mit Whisky zu erweitern. Die Verarbeitung von stärkehaltigen Rohstoffen ist nicht nur in Jahren mit schlechter Obsternte für den Brenner interessant, Destillate aus Getreide, Malz und Co. bieten dem Brenner auch eine Vielzahl an spannenden und hocharomatischen Produkten. Die Wahl sowohl der Rohstoffe, als auch des Destillationsverfahrens und des Fasses mit anschließendem Fassmanagement verleiht dem Destillat seinen ganz eigenen Charakter. Der Kreativität des Destillateurs sind somit keine Grenzen gesetzt.

Deutscher Whisky gewinnt zunehmend an Bedeutung – vor allem der regionale Aspekt von Whisky aus direkter Umgebung macht vielen Kunden die Kaufentscheidung leichter. Qualitativ können deutsche Whiskys mit den schottischen Kollegen durchaus mithalten.

Das Getreidedestillat muss aber nicht zwingend als Whisky vermarktet werden, was eine Holzfasslagerung von mindestens drei Jahren zur Folge hätte. Auch die Möglichkeit verschiedener Kornbrände und Getreidebrände ohne Holzfasslagerung ergeben hochwertige Produkte. Alternativ ist zudem das Herstellen eines Bierbrandes oder ein Destillat aus Kartoffeln möglich, um den Kunden eine große Bandbreite der verschiedensten Destillate anbieten zu können.

In diesem Buch möchte ich Anfängern, Fortgeschrittenen sowie Spirituoseninteressierten einen Einblick geben in die Verarbeitung stärkehaltiger Rohstoffe für die Erzeugung hocharomatischer Destillate. Ob Kartoffeldestillat als Basis für Spirituosen, Whisky mit Sherryfass-Finish oder Bierbrand im Kastanienholzfass – es gibt für den Kleinbrenner viele Möglichkeiten, seine Produktpalette um eine Vielzahl interessanter neuer Produkte zu erweitern.

Gladenbach, im Herbst 2018
Philipp Schwarz

Whisky, Korn & Co. nun auch für jeden Abfindungsbrenner

Am 01.01.2018 wurde das bis zum 31.12.2017 geltende Branntweinmonopolgesetz außer Kraft gesetzt und vom Alkoholsteuergesetz und der Alkoholsteuerverordnung abgelöst. Dadurch ergaben sich einige Änderungen für die Abfindungsbrennereien. Vor allem bei Obst-Abfindungsbrennereien ist es nun möglich, stärkehaltige Rohstoffe zu destillieren. Auch Begrenzungen von Blasenvolumen und Destillierbödenanzahl wurden aufgehoben. Das Abliefern von Alkohol an die Bundesmonopolverwaltung ist fortan nicht mehr möglich.

Vermarktung und erweiterte Brennerlaubnis

Durch diese Gesetzesänderung können Abfindungsbrenner Alkohol nicht mehr an die Bundesmonopolverwaltung abliefern, um ein Entgelt für die Ware zu erhalten. Der Abfindungsbrenner hat aber die Möglichkeit, seine erzeugten Destillate an Aufkäufer abzugeben oder die Destillate durch Vermarktung im Handel zu positionieren.

Seit dem 01.01.2018 gibt es keine Unterteilung der Abfindungsbrennrechte mehr, es ist nun auch jedem Abfindungsbrenner gestattet, stärkehaltige Rohstoffe zu brennen. Alle Abfindungsbrennereien sind (verglichen mit der vorherigen Rechtsprechung) als gewerbliche Abfindungsbrennereien zu betrachten. Brennereien, die bis zum 31.12.2017 Obst-Abfindungsbrennereien waren, dürfen nun auch alle zugelassenen Rohstoffe brennen.

Brennereien, die bis Ende 2017 nur 50 Liter reinen Alkohol (l r.A. oder kurz l A) brennen durften, ist es nun erlaubt 300 l A im Jahr zu brennen (Brennkontingent). Binnen 10 Jahren muss für diese „erweiterten Brennrechte“ der Nachweis der geforderten landwirtschaftlichen Fläche erbracht werden, damit die Erlaubnis der Abfindungsbrennerei bestehen bleibt.

Bis Ende 2017 war es in der Bundesrepublik Deutschland nur in den südlichen Bundesländern möglich, eine Abfindungsbrennerei zu betreiben. Die Abfindungsbrennerei war nur in Bayern, Baden-Württemberg, Rheinland-Pfalz, Saarland und in Teilen von Hessen möglich. Seit dem 01.01.2018 gilt diese Begrenzung nicht mehr. Sobald Fläche, landwirtschaftlicher Betrieb und das Bedürfnis einer Abfindungsbrennerei nachgewiesen werden können, ist die Erlaubnis vom zuständigen Hauptzollamt zu erteilen. In Sonderfällen kann diese Brennerlaubnis vom zuständigen Hauptzollamt aber verwehrt werden.

Blasengröße und Destillierbödenanzahl nach der Gesetzesänderung

Vor 2018 waren Abfindungsbrennereien nur zugelassen, wenn diese ein Brennblasenvolumen von 150 l Füllinhalt nicht überschritten. Die Anzahl der Destillierböden war auf maximal drei begrenzt. Seit 01.01.2018 sind die Blasengröße und die Anzahl von Destillierböden nicht mehr vorgeschrieben.

Branntweinsteuer und Alkoholsteuer

An den vorherigen Steuersätzen von 10,22 €/l A Abfindungsbranntwein und 13,03 €/l A restlicher Trinkalkohol hat sich durch die Gesetzesänderung nichts geändert. Der Abfindungsbrenner aus Deutschland darf aber den Abfindungsbranntwein wegen des vergünstigten Steuersatzes ausschließlich in Deutschland verkaufen.

Die Brennerlaubnis von 300 l A im Jahr bezieht sich nur auf die Herstellung von Alkohol, also Alkohol, welcher aus einer vergorenen Maische gewonnen wird. In der Regel handelt es sich hierbei um Whisky, Korn und Brände. Rum, welcher auch aus einer vergorenen Maische gebrannt wird, nämlich aus Zuckerrohr bzw. Zuckerrohrmelasse, ist jedoch für den Abfindungsbrenner nicht zugelassen, den Verschlussbrenner betrifft dies nicht. Geiste auf Basis von Neutralalkohol (Ethylalkohol) landwirtschaftlichen Ursprungs, welche bereits mit 13,03 €/l A versteuert wurden, dürfen unbegrenzt auf einem Abfindungsbrenngerät gebrannt werden, da der Alkohol bereits versteuert wurde. Die Herstellung eines Geistes muss ebenfalls dem Hauptzollamt angezeigt werden, und zwar in Form einer Feinbrand-Anmeldung. Erst mit der Genehmigung des jeweiligen Brandes vom Hauptzollamt darf die Anlage in Betrieb genommen werden. Prinzipiell gilt: Jedes Erwärmen der Brennblase muss dem Hauptzollamt mitgeteilt werden, auch Reinigungsprozesse, Maischebereitung in der Brennblase (Getreide) und Digerate, die in der Brennblase angesetzt werden.

Wer ohne Genehmigung brennt, hat mit strafrechtlichen Konsequenzen und dem Verlust der Brennerlaubnis zu rechnen. Dies gilt für Abfindungsbrennereien. Verschlussbrennereien hingegen müssen so verschlusssicher gebaut werden, dass sowieso jeder Tropfen erzeugten Alkohols erfasst wird.

Ein wenig Biochemie

Durch Fotosynthese können Pflanzen Glucose bilden, welche zu Stärke verknüpft wird, die als Speicherkohlenhydrat der Pflanze dient. In der Destillerie wird diese Stärke im Maischprozess mit Hilfe von speziellen Enzymen aufgespalten und die dabei entstehenden vergärbaren Zuckermoleküle anschließend von Hefen vergoren.

Stärke

Zum Verständnis der komplexen Vorgänge beim Maischprozess ist es nützlich, über die Bausteine der Stärke Bescheid zu wissen und die Enzyme zu kennen, die den Vielfachzucker Stärke in kleinere Moleküle bzw. Bausteine zerlegen können.

Aufbau der Stärke

Stärke gehört zu den Polysacchariden. Sie setzt sich zusammen aus Amylose und Amylopektin. Amylose ist eine Verknüpfung von Glucosebausteinen in Helix-Struktur. Diese Verknüpfung von Glucosemolekülen ähnelt einer Wendeltreppe. Sechs Glucosemoleküle bilden eine Windung.

Den größten Bestandteil der Stärke bildet das Amylopektin. Amylopektin ist ebenfalls eine Verknüpfung von Glucosemolekülen, jedoch bildet diese im Abstand von 20 Glucosemolekülen Verzweigungen. Diese Verzweigungen sorgen für eine hohe Festigkeit und Stabilität des Amylopektingerüstes.

Grob vereinfacht kann man sagen: Stärke besteht aus Amylose und Amylopektin und diese beiden wiederum aus Glucose. Wird die Stärke in kleinere Bruchstücke wie Maltose (zwei Bausteine Glucose) und Glucose gespalten, so können diese von der Hefe zu Alkohol vergoren werden. Für diesen Spaltungsvorgang sind Enzyme unverzichtbar. Im DSA-Maischprozess (DSA = druckloser Stärkeaufschluss) sind nur Enzyme in der Lage, den Spaltungsprozess der Stärke in Gang zu setzen.

Fotosynthese

Die Fotosynthese ist einer der wichtigsten Vorgänge in der Natur. Ohne sie gäbe es keinen Sauerstoff und ohne sie könnten Menschen auf der Erde nicht überleben.

Pflanzen bilden bei der Fotosynthese aus sechs Molekülen Wasser und sechs Molekülen Kohlendioxid mit Hilfe der Lichtenergie sechs Moleküle Sauerstoff und ein Molekül Glucose:

$$6\ CO_2 + 6\ H_2O \rightarrow 1\ C_6H_{12}O_6 + 6\ O_2$$

Die Fotosynthese findet in den Chloroplasten der Pflanzenzelle statt, wobei der grüne Pflanzenfarbstoff Chlorophyll essenziell ist für die Fotosynthese. Das Chlorophyll sorgt für die Absorption des Sonnenlichts – ohne diese Energie wäre die Fotosynthese nicht möglich.

In der Pflanzenzelle gebildete Glucosemoleküle werden zu längeren Molekülen verknüpft. So entstehen Polysaccharide wie z. B. Stärke. Wenn die Pflanze den Zucker nicht sofort verbraucht, wird er in Speicherorgane befördert und dort als Reservestoff in Form von Stärkekörnern eingelagert. Stärkekörner findet man vornehmlich in der Wurzel (z. B. in Wurzelknollen und Rüben), im Spross (Sprossknollen) oder im Samenkorn der Pflanze.

Stärke (lat. Amylum)

- dient in Pflanzen als Reservekohlenhydrat,
- ist ein nachwachsender Rohstoff,
- gilt als wichtigster Grundstoff für die Alkoholerzeugung,
- wird durch Assimilation mit Hilfe des Chlorophylls der Blätter und Sonnenlicht (Fotosynthese) aus CO_2 und H_2O gebildet,
- kann enzymatisch aufgespalten werden,
- kann mit Jodlösung (Blaufärbung) nachgewiesen werden.

Stärkeaufschluss

Stärke gehört zu den Polysacchariden, umgangssprachlich auch Vielfachzucker genannt. Dieser Vielfachzucker kann nicht direkt von der Hefe vergoren werden. Da Stärke ein unvergärbarer Zucker ist, muss dieser von stärkespaltenden Enzymen, den sogenannten Amylasen, in kleinere, vergärbare Zucker gepalten werden. Das wäre zum einen Maltose, ein Zweifachzucker aus zwei Glucosemolekülen, und zum anderen die Glucose selbst.

Um aus Stärke Maltose und Glucose zu bilden, können folgende Amylasen (stärkespaltende Enzyme) eingesetzt werden:

α-Amylase

- Als Endo-Enzym spaltet sie innere α(1-4)-Glykosidbindungen der Stärke.
- Durch die Spaltung der Stärke durch die α-Amylase entstehen Dextrine, Oligosaccaride, Maltose und Glucose.
- Bei technischen Enzympräparaten mit dextrinierender (verflüssigender) Wirkung spricht man von Verflüssigungsenzymen, da die Viskosität der verkleisternden Stärke durch die Spaltung der Stärkemoleküle schnell abnimmt.
- α-Amylasen sind in Malz enthalten.

β-Amylase
- Es handelt sich hierbei um Exo-Enzyme, die vom reduzierenden Kettenende her Maltose abspalten.
- β-Amylasen sind in Malz enthalten.
- Man setzt sie zur Verzuckerung (siehe Kasten) ein.
- Bei Einwirkung auf das verzweigte Amylopektin entstehen neben Maltose auch sogenannte „Grenzdextrine", da die Wirkung der β-Amylase vor den Verzweigungsstellen zum Stillstand kommt.

Glucoamylase
- Dieses Exo-Enzym setzt vom reduzierenden Kettenende her Glucosemoleküle frei.
- Glucoamylase kann im Gegensatz zu α- und β-Amylase auch Verzweigungsstellen spalten.
- Sie wird zur Verzuckerung (siehe Kasten) eingesetzt.

Verzuckerung
Bei der Verzuckerung wird Stärke von Amylasen in Maltose und Glucose aufgespalten. Diese sind sogenannte vergärbare Zucker und können anschließend von der Hefe vergoren werden.

Enzyme

An allen Stoffwechselvorgängen im Tier- und Pflanzenreich sind Enzyme beteiligt und unentbehrlich. Sie haben die Eigenschaft, den Ablauf von biochemischen Vorgängen zu beschleunigen, und werden auch Biokatalysatoren genannt. Bereits kleinste Mengen von Enzymen sind in der Lage, große Mengen Substrat umzusetzen, ohne dass sie „verbraucht" werden.

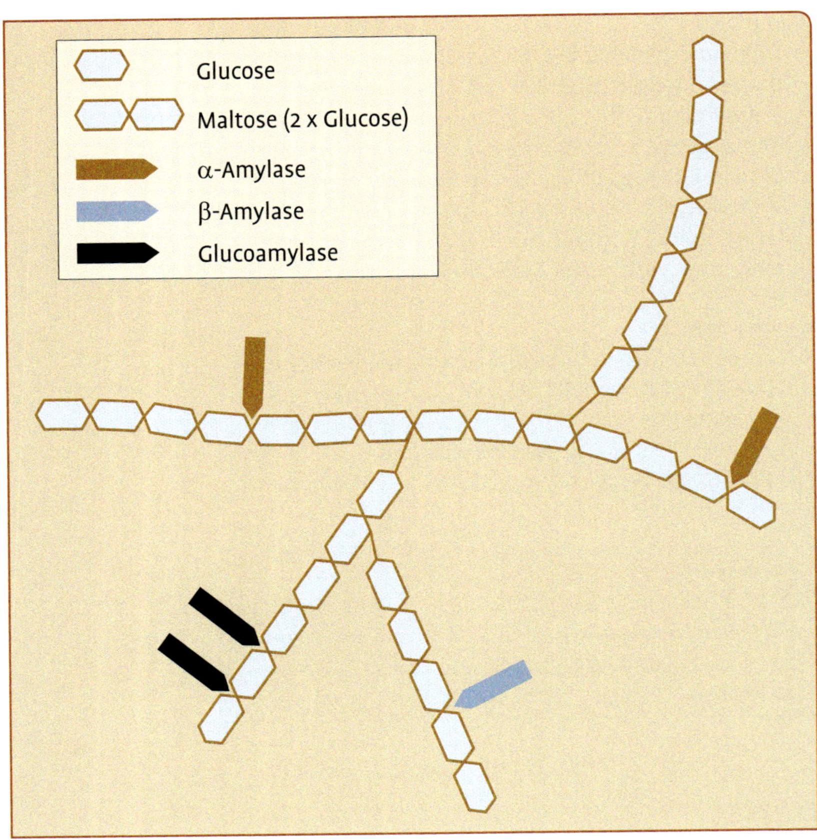

Spaltung des Enzyms durch verschiedene Amylasen (schematisch).

Enzyme gehören zu den Proteinen und ihre Reaktivität ist stark von Umgebungsfaktoren abhängig, wie z. B. Temperatur und pH-Wert. Ein bestimmtes Enzym kann nur ein bestimmtes Substrat unter definierten Bedingungen verarbeiten. Die Aufgabe des Brenners liegt darin, die Umgebungsfaktoren so einzustellen, dass die Enzyme ideal „arbeiten“ können.

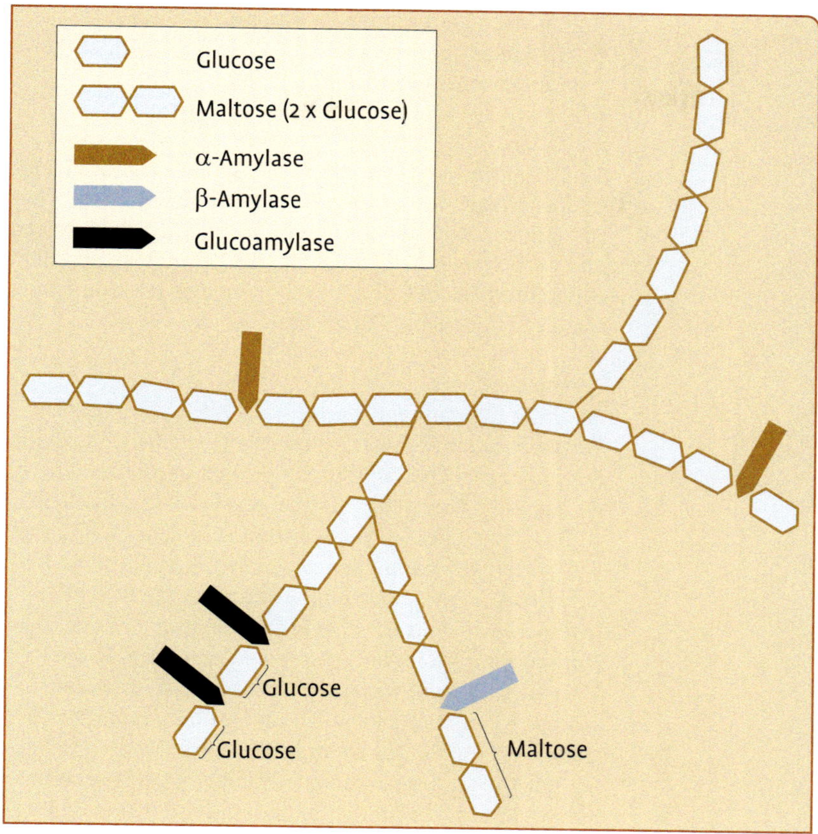

Produkte nach der Spaltung der verschiedenen Amylasen.

In der Brennerei kommen folgende Enzyme zum Einsatz:

- **Amylasen** spalten Stärke, also langkettige Zucker.
- **Pektinasen** spalten Pektin; beim Spaltungsprozess von Pektin durch das Enzym Pektin-Methylesterase wird Methanol frei.
- **Cellulasen** spalten Cellulose.

- **Pentosanasen** spalten Pentosane.
- **Proteasen** spalten Proteine (werden meist in Kombipräparaten eingesetzt).

Amylasen

Amylasen sind Enzyme, die Stärke spalten und in kleinere Zucker bzw. Bruchstücke zerlegen können. In der Herstellung von Whisky, Korn und Co. sind die bekanntesten und wichtigsten die **α-Amylase**, die **β-Amylase** und die **Glucoamylase**. Sie wurden schon im Kapitel „Stärkeaufschluss“ (siehe Seite 10) beschrieben.

Pektinasen

Pektin besteht aus veresterter Galacturonsäure und ist Bestandteil der Zellwand einer Pflanzenzelle. Es verleiht der Pflanzenzelle Stabilität. Im Verlauf der Reifung beginnen pflanzeneigene Enzyme, das Pektin zu spalten.

Das Enzym Pektin-Methylesterase, welches von Natur aus in Pflanzen vorhanden ist, spaltet Pektin, es handelt sich also um eine sogenannte Pektinase. Die Besonderheit dieses Enzyms ist, dass bei der Spaltung des Pektins Methanol-Moleküle freigesetzt werden und so in die Maische gelangen, was nicht erwünscht ist, da Abbauprodukte von Methanol giftig sind. Je höher der Pektingehalt und die Enzymaktivität der Pektin-Methylesterase im Rohstoff ist, umso wahrscheinlicher ist eine erhöhte Konzentration von Methanol in der Maische und dem daraus resultierenden Destillat. Aufgrund der Tatsache, dass manche Rohstoffe von Natur aus mehr Pektin in ihrem Zellgerüst aufweisen als andere, variieren auch die Methanolgrenzwerte der einzelnen Rohstoffe bzw. der daraus resultierenden Produkte.

Cellulasen

Cellulose ist in der pflanzlichen Zellwand ein Gerüststoff, der der Zellwand Stabilität verleiht. Cellulasen sind Enzyme die diesen „Gerüststoff" Cellulose spalten. Cellulasen werden meist Kombipräparaten zur Maischeverflüssigung zugesetzt. Dies verringert die Viskosität (Zähigkeit) der Maische, was viele qualitative und verfahrenstechnische Vorteile bietet.

Pentosanasen

Pentosanasen sind Enzyme, welche Pentosane spalten. Pentosane werden den Hemicellulosen zugeordnet und bestehen im Grunde aus verschiedenen verknüpften Zuckern, Hauptbestandteil bilden die Pentosen.

Pentosane sind sogenannte „Schleimstoffe", welche die Viskosität der Maische stark erhöhen können, dies kann Probleme im Verarbeitungsprozess verursachen. Verfahrenstechnisch ist es daher sinnvoll, diese Schleimstoffe enzymatisch aufzuspalten. Im Brennereibedarf gibt es Pentosanasen als Enzympräparate zu kaufen, welche durch die Aufspaltung der Schleimstoffe für eine flüssigere Maische sorgen.

Pentosane haben auch einen Einfluss auf den unvergärbaren Extrakt. Sie sind in den verschiedenen Rohstoffen in unterschiedlichen Mengen enthalten. Roggen beispielsweise weist einen höheren Gehalt an Pentosanen auf. Der unvergärbare Extrakt in Roggenmaische ist deshalb etwas höher als in einer Weizenmaische. Endvergorene Weizenmaischen haben einen Restextrakt von etwa 0,5 % mas. Roggenmaischen hingegen einen Restextrakt von etwa 1 % mas.

Proteasen

Durch die Hydrolyse von Peptidbindungen können Proteasen Proteine spalten. Sie finden in der Brennerei meist in Kombipräparaten Verwendung. Kombipräparate sind Mischungen verschiedener Enzyme, welche häufig in der Maischebereitung eingesetzt werden, um einen besseren Aufschluss zu gewährleisten.

Technische Enzyme

Technische Enzyme sind mikrobielle Enzympräparate, die mit Hilfe von Schimmelpilzkulturen oder Bakterienstämmen produziert werden. Mit der Entwicklung des Submersverfahrens, das die Züchtung von Bakterien und Schimmelpilzen in großen Fermentern erlaubt, ist es möglich, mikrobielle Enzyme in großen Mengen herzustellen. Nach beendeter Fermentation werden die Enzyme dann aus den Fermentationsbrühen extrahiert und zu technisch einsetzbaren Enzympräparaten aufkonzentriert.

Zugelassene mikrobielle Enzympräparate können bedenkenlos verwendet werden, da diese keine geschmacklichen Beeinträchtigungen oder lebensmittelrechtliche Probleme nach sich ziehen.

Der Maischprozess*

Weil Stärke im Getreidekorn in Zellverbänden eingeschlossen ist und nicht direkt vergoren werden kann, muss die Stärke zunächst freigesetzt werden. Durch das Mahlen erhält man Schrot, welches anschließend im Maischapparat weiterverarbeitet werden kann.

Mühle, Maischapparat & Co.

Um an die Stärke zu gelangen, muss das Korn gemahlen werden. Die Partikel des fertigen Schrotes sollten nicht größer als 1,5 mm sein. Viele Mühlen bieten bereits fertig geschrotetes Getreide mit hohem Stärkegehalt an. Je höher der Stärkegehalt des Rohstoffes ist, umso höher ist die theoretische Alkoholausbeute der Maische. Wer keine eigene Mühle hat, kann durchaus auf bereits geschrotetes Getreide zurückgreifen. Wird bereits gemahlenes Getreide verwendet, ist darauf zu achten, dass dieses nicht so lange lagerfähig ist wie ungemahlenes Getreide.

Um Getreide einzumaischen, ist ein Maischapparat von Nöten. Der beheizbare Maischapparat sollte über eine Kühlung, Rührwerk, Thermometer und Ablasshahn verfügen. Bewährt haben sich Maischer mit Doppelmantel oder eingebauter Kühlschlange zum Kühlen und Erwärmen der Maische.

* Am Beispiel „Maischprozess mit technischen Enzymen“ (siehe Seite 24) wird der Maischprozess detailliert erläutert.

Maischeapparat mit Kupferspirale zum Beheizen und Kühlen der Maische.

Maischebereitung

Bei der Maischebereitung sind einige Punkte zu beachten. Um die Stärke aufzuschließen, muss sie verkleistert, verflüssigt und verzuckert werden. Ist dies nicht der Fall, kann keine zufriedenstellende Destillatausbeute erreicht werden.

Einrühren und Aufheizen

Das geschrotete Korn wird zunächst in Wasser eingerührt. Als Grundlage für die Maische dient eine 5 : 1-Schüttung (5 Teile Wasser zu 1 Teil Getreide). Wichtig ist, dass genügend Steigraum im Gärtank berücksichtigt wird. Das Prozesswasser sollte mit 30 °C im Maischer vorgelegt werden. Je nach Brennereiausstattung kann die Getreidemaische auch mit einer geringeren Menge Wasser hergestellt werden.

Als kleiner Tipp: Geben Sie 95 % des errechneten Prozesswassers in den Maischer und stellen Sie erst im Gärtank das angestrebte Maischevolumen exakt ein.

In das Prozesswasser wird bei eingeschaltetem Rührwerk langsam das Getreideschrot klumpenfrei eingerührt. Nun kann das Aufheizen der Maische beginnen. Während des Aufheizens wird thermostabile **α-Amylase** zugegeben. Je nach Rohstoff nimmt bei steigender Temperatur die Viskosität zu. Diese Viskositätssteigerung hat mit der Verkleisterung der Stärke zu tun und ist essenziell für den Stärkeaufschluss.

Maische-
apparat
mit Doppel-
mantel und
Schwimm-
deckel.

Maischer mit vorgelegtem Wasser.

Verkleisterung

Bei der Verkleisterung quellen die Stärkekörner und verlieren ihre Struktur. Nun können die gequollenen Stärkekörner von Enzymen gespalten werden. Ohne Verkleisterung wird keine zufriedenstellende Ausbeute erreicht.

Die Verkleisterungstemperatur ist rohstoffspezifisch (siehe Tab. Seite 21). Durch die vorherige Zugabe von α-Amylase (Verflüssigungsenzym) sollte die Viskosität wieder sinken.

Verflüssigung und pH-Wert-Einstellung

Ist eine Temperatur von 75 °C erreicht, hält man diese für 1 Stunde. Dieses Ausharren auf 75 °C nennt man Verflüssigungsrast. In dieser Zeit beginnt die α-Amylase, die Stärke in kleinere Bruchstücke zu spalten. Das Stärkegerüst wird zerstört; dies hat zur Folge, dass die Viskosität sinkt.

Nach der Verflüssigungsrast wird die Maische gekühlt und der pH-Wert mit verdünnter Schwefelsäure auf 4,0 gesenkt. Es hat sich bewährt, 9 Teile Wasser mit 1 Teil Säure zu mischen. Ganz wichtig ist, das **Wasser vorzulegen** und danach langsam die Säure zu dosieren. Es muss immer Schutzkleidung getragen werden – Schürze, Säure-Handschuhe, Gummistiefel und Schutzbrille sind ein absolutes Muss beim Gebrauch von Schwefelsäure. Maßgebend ist der pH-Wert nach Säurezugabe, nicht die zugegebene Säuremenge.

Einrühren des Getreides.

Zugabe der thermostabilen α-Amylase.

Verkleisterungstemperatur verschiedener Rohstoffe (nach H.-D. Belitz und W. Grosch, 1987)

Rohstoff	Verkleisterungstemperatur
Roggen	57–70 °C
Weizen	53–65 °C
Hafer	56–62 °C
Gerste	56–62 °C
Hülsenfrüchte	57–70 °C
Mais	62–70 °C
Hirse	69–75 °C
Kartoffeln	58–66 °C

Verzuckerung und Hefezugabe

Beträgt die Maischetemperatur 58 °C, kann die **Glucoamylase** zugegeben werden. Sie sollte nicht schon früher zugegeben werden, weil sie ab 62 °C zu denaturieren beginnt.

Die Verzuckerungsrast von 55–58 °C kann für 30 Minuten gehalten werden, ist allerdings bei richtiger Verwendung der Glucoamylase nicht zwingend erforderlich. Das Maischverfahren muss so gesteuert werden, dass eine möglichst komplette Verzuckerung der Stärke bzw. der Abbauprodukte dieser zu vergärbaren Zucker gewährleistet ist. Eine Verzuckerungsrast hat somit keine

pH-Wert-Senkung durch Zugabe von vorher verdünnter Schwefelsäure.

Zugabe der Glucoamylase zur Verzuckerung der Stärke/Stärkeabbauprodukte in Glucose.

Nachteile, kann allerdings, um Zeit einzusparen, durch langsames Herabkühlen auf Anstelltemperatur umgangen werden.

Zum Ende der Verzuckerungsrast kann bereits die **Reinzuchthefe** in zehnfacher Menge handwarmen Wassers rehydratisiert werden. Nach der Verzuckerung wird die Maische auf 30 °C gekühlt; ab da kann die Hefemilch zugegeben werden. Auf der Hefemilchoberfläche sollte Schaumbildung zu sehen sein, dies spricht für eine aktive Hefe. Sollte dies nach 30 Minuten nicht der Fall sein, empfiehlt es sich, einen neuen Hefeansatz herzustellen.

Anstelltemperatur – idealerweise nicht höher als 30 °C.

Einrühren der Hefemilch.

Maischprozess mit technischen Enzymen

Um hohe Ausbeuten an Destillat zu erreichen, muss beim Einmaischen dafür gesorgt werden, dass die Enzyme ihre Arbeit optimal verrichten können und die Stärke komplett aufgeschlossen werden kann. Temperatur und pH-Wert müssen dafür exakt eingestellt werden.

Temperatur- und pH-Optimum

Wie bereits erwähnt, gehören Enzyme zu den Proteinen (Eiweißen). Wird das Temperaturoptimum des Enzyms um mehr als 4 °C überschritten, kann das Enzym denaturiert und zerstört werden. Das Eiweiß gerinnt und verliert seine Fähigkeit, Substrat umzusetzen. Dies ist vergleichbar mit einem Spiegelei, das ab einer gewissen Temperatur in der Pfanne stockt. Das Gleiche passiert mit dem Enzym.

Günstige Temperaturen und pH-Werte für im Maischprozess verwendete Enzyme (Maischprozess mit technischen Enzymen)

Enzym	Temperaturoptimum	pH-Optimum	Max. Temperatur	pH-Bereich
Thermostabile α-Amylase	75 °C	6,0	bis 100 °C	5,0–7,0
Glucoamylase	58 °C	4,0	bis 62 °C	3,0–5,0

Prinzipiell sollten die Herstellerangaben des verwendeten Enzyms beachtet werden!

Die Enzyme

Beim Maischen mit technischen Enzymen sind zwei verschiedene Enzympräparate erforderlich. Das ist zum einen die α-Amylase, eher als Verflüssigungsenzym bekannt, und zum anderen die Glucoamylase, die weitläufig auch Verzuckerungsenzym genannt wird. Beide Enzyme wurden schon im Kapitel „Stärkeaufschluss" (siehe Seite 10) beschrieben.

Der pH-Wert muss beim Maischprozess (wie auch die Temperatur) so geführt werden, dass die Enzyme ihre Arbeit verrichten können, um einen kompletten Aufschluss der Stärke in vergärbare Zucker zu gewährleisten. Ein kompletter Aufschluss bedeutet hohe Ausbeuten.

Verfahrensschema des Einmaischens von Getreide mit technischen Enzymen

1. Prozesswasser vorlegen (30 °C).
2. Feinvermahlenes Getreide klumpenfrei einrühren.
3. Verflüssigungsenzym nach Herstellerangaben zudosieren (thermostabile α-Amylase).
4. 70–75 °C, 45–60 Minuten; dann auf 55–60 °C kühlen (Verflüssigung).
5. pH-Korrektur auf 4,0–4,5.
6. Verzuckerungsenzym nach Herstellerangaben bei 58 °C (Glucoamylase) zudosieren.
7. 52–58 °C, 30 Minuten (Verzuckerung), nicht zwingend erforderlich, alternativ langsames Herabkühlen.
8. Kühlen auf Anstelltemperatur, ca. 30 °C, Hefezugabe (20 g/hl Maische).*
9. Gärung etwa 3–4 Tage.

---

* Stets die Herstellerangaben beachten.

Maischprozess mit Malz

Wer auf den Einsatz von technischen Enzymen verzichten möchte, kann die Stärke auch durch die malzeigenen Amylasen spalten. Vor dem Aufkommen technischer Enzyme war es gängige Praxis, die Stärke mit malzeigenen Enzymen aufzuspalten. Heutzutage verwenden viele Brenner ausschließlich Malz für das Verflüssigen und Verzuckern der Stärke. Beim Einmaischen mit Malz als Enzymquelle müssen die Temperaturen der Rasten genau beachtet werden, da bei zu hohen Temperaturen die malzeigenen Enzyme denaturieren. Wer bei der Maischebereitung auf Malz als Enzymquelle zurückgreift, hat nicht nur ein natürliches Verzuckerungsmittel, sondern kann dem Produkt sensorisch viele zusätzliche Aromen und Geschmacksnuancen verleihen.

Besonderheit Verzuckerung durch Malz

Wird die Getreidemaische durch malzeigene Enzyme verflüssigt und verzuckert, müssen die Temperaturen und pH-Werte genauestens eingehalten werden. Beim Stärkeaufschluss durch Malzenzyme kommt es bei steigender Maltosekonzentration sowie einer hohen Konzentration von Stärkeabbauprodukten zu einem Stillstand des Stärkeabbaus. Die malzeigenen Enzyme α- und β-Amylase werden durch die hohen Konzentrationen von Maltose und/oder anderen Stärkeabbauprodukten gehemmt, dieser Effekt ist die sogenannte Produkthemmung. Aufgrund dessen können nur zwei Drittel der eingesetzten Stärke verzuckert werden. Das andere Drittel aus unvergärbaren Stärkeabbauprodukten wird erst dann nachverzuckert, wenn durch die Gärung die Maltosekonzentration sinkt. Die Nachverzuckerung findet also während der Gärung statt. Die Nachverzuckerung ist sehr wichtig, da sonst mit einer deutlich geringeren Alkoholausbeute zu rechnen ist.

Der pH-Wert darf 4,2 nicht unterschreiten, da sonst die Amylasen gehemmt werden, was zur Folge hat, dass keine Nachverzuckerung stattfindet. Auch ein Enzymüberschuss würde zu keiner weiteren Zuckerbildung führen!

Nachverzuckerung (nur bei alleiniger Verwendung von Malz)

- Die Nachverzuckerung beginnt mit Einsetzen der Gärung, wenn das Gleichgewichtsverhältnis von vergärbaren Zuckern zu unvergärbaren Dextrinen bzw. Oligosacchariden durch Abnahme der Zucker gestört wird.
- Die vollständige Verzuckerung des letzten Drittels unvergärbarer Zucker zu vergärbaren Zuckern dauert etwa 3 Tage.
- Die Nachverzuckerung ist wichtig, ansonsten gibt es Ausbeuteverluste.
- Ein pH-Wert nicht unter 4,2 ist Voraussetzung, sonst erfolgt eine Hemmung der Amylase.

Günstige Temperatur- und pH-Bedingungen für α- und β-Amylasen aus Malz

- α-Amylase: 70–75 °C; pH-Bereich 5,0–5,8
- β-Amylase: 58–65 °C; pH-Bereich 5,0–5,6

Verfahrensschema des Einmaischens mit Malz

1. Prozesswasser vorlegen (40–50 °C).
2. Feinvermahlenes Getreide klumpenfrei einrühren.
3. pH-Korrektur auf 5,0–5,5.
4. Etwa 33 % der Gesamtmalzmenge (Enzymquelle Malz) zugeben (bei Getreide 5 kg/100 kg).
5. 70–75 °C, 30–45 Minuten; dann auf 58–60 °C kühlen (Verflüssigung).
6. Etwa 66 % der Gesamtmalzmenge (Enzymquelle) zugeben (bei Getreide 10 kg/100 kg).
7. 58–60 °C, 30 Minuten (Verzuckerung).
8. Kühlen auf Anstelltemperatur, etwa 30 °C, Hefezugabe (20 g/hl Maische).
9. Gärung, etwa 3–4 Tage.

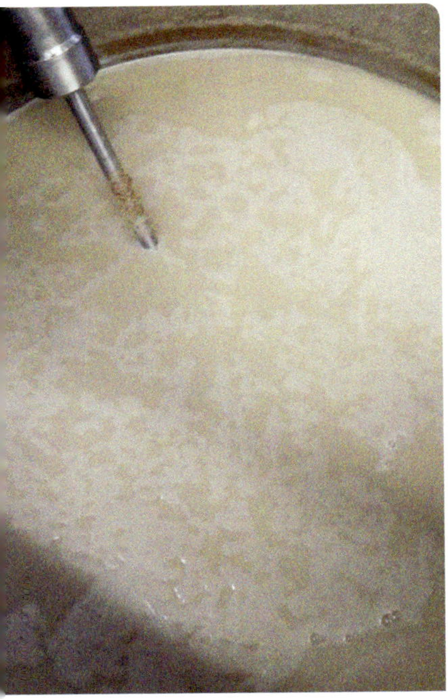

Vergorene Emmermaische.

Gärung von Getreidemaischen

Bei der Gärung von Getreidemaischen ist darauf zu achten, dass genügend Steigraum im Gärtank berücksichtigt wird. Um ein starkes Schäumen der Maische während der Gärung zu vermeiden, kann zusätzlich Entschäumer hinzugegeben werden.

Die Gärung dauert in der Regel etwa 3–4 Tage. Um die Entstehung erhöhter Gehalte an unerwünschten Gärungsnebenprodukten zu vermeiden, sollte die Gärtemperatur 35 °C nicht überschreiten.

Wird die Maische kälter vergoren, steigt die Gärdauer. Aufgrund der Stoffwechseltätigkeit der Hefe wird im Laufe der Gärung der pH-Wert sinken. Fällt der pH-Wert jedoch unter 4,2, ist dies ein Indiz für eine infizierte Maische.

Am Ende der Gärung sollte der Extraktgehalt überprüft werden, dieser variiert je nach Getreideart. Ideal wäre ein Restextrakt von etwa 0,5 % mas. Die Maische sollte nach der Gärung zeitnah destilliert werden.

Abbauprodukte nach der Verzuckerung nur durch Malz

- 66 % vergärbare Maltose
- 4 % vergärbare Glucose
- 10 % unvergärbare Trisaccharide
- 20 % unvergärbare Dextrine/Oligosaccharide

Auch ein Enzymüberschuss würde zu keiner weiteren Bildung von vergärbaren Zuckern führen. Die steigende Maltosekonzentration und die längerkettigen Zucker hemmen die α- und β-Amylase bis der Stillstand des Stärkeabbaus eintritt, die sogenannte Produkthemmung.

Wird die Maische am Ende des Maischprozesses nochmals hoch erhitzt, hat dies das Denaturieren der Enzyme zur Folge. Eine Nachverzuckerung in der Gärung wäre somit nicht mehr möglich. Die Ausbeute wäre dementsprechend geringer. Brenner, welche nur Malz als Enzymquelle verwenden, sollten ein Hochheizen am Ende des Maischprozesses vermeiden, da dies nicht nur energetisch, sondern auch verfahrenstechnisch eher negativ zu bewerten ist.

Weitergehende Informationen zum Thema „Alkoholische Gärung" siehe Seite 60.

Maischprozess mit Malz und technischen Enzymen

Brenner, die Malz verwenden, aber auch nicht auf technische Enzyme verzichten wollen, greifen in der Regel zum Maischverfahren mit Malz und technischen Enzymen zurück. Der Stärkeaufschluss ist – was die Temperatursteuerung angeht – etwas einfacher und auch die Ausbeute ist in der Regel geringfügig höher als beim klassischen Verfahren nur mit Malz. Die Glucoamylase, die auch Grenzdextrine zu vergärbaren Zuckern spalten kann, liefert so einen etwas höheren vergärbaren Extrakt als die β-Amylase.

Soll Whisky hergestellt werden, ist es notwendig, dass für die Maischebereitung Malz verwendet wird. Die Spirituosenverordnung besagt dies bei der Herstellung von Whisky (Verordnung EG 110/2008 Anhang 2):

2. **Whisky oder Whiskey**
a) *Whisky* oder *Whiskey* ist eine Spirituose, die ausschließlich wie folgt gewonnen wird:
i) durch Destillation einer Maische aus gemälztem Getreide mit oder ohne das volle Korn anderer Getreidearten,
– die durch die in ihr enthaltenen Malzamylasen mit oder ohne andere natürliche Enzyme verzuckert wird,
– die mit Hefe vergoren wird.

Will der Brenner jedoch nicht auf die technischen Enzyme verzichten, ist der Maischprozess mit Malz *und*

Temperaturen und pH-Werte für im Maischprozess verwendete Enzyme (Maischprozess mit Malz und technischen Enzymen)

Enzym	Temperatur-optimum	pH-Optimum	Max. Temperatur	pH-Bereich
Thermostabile α-Amylase	75 °C	6,0	bis 100 °C	5,0–7,0
Glucoamylase	58 °C	4,0	bis 62 °C	3,0–5,0
α-Amylase aus Malz	70–75 °C	siehe pH-Bereich	bis 75 °C	5,0–5,8
β-Amylase aus Malz	58–65 °C	siehe pH-Bereich	bis 65 °C	5,0–5,6

technischen Enzymen eine gute Alternative, um einen idealen Maischprozess zu gewährleisten. Bei Verwendung von Malz und technischen Enzymen ist der Stärkeaufschluss meist anwendungsfreundlicher, da der Maischprozess einfacher zu steuern ist (Temperaturen müssen nicht so exakt gesteuert werden), ebenso ist mit einer geringfügig höheren Ausbeute zu rechnen, da durch die Glucoamylase auch Grenzdextrine gespalten werden können.

Verfahrensschema des Einmaischens mit Malz und technischen Enzymen

1. Prozesswasser vorlegen (40–50 °C).
2. Feinvermahlenes Getreide klumpenfrei einrühren.
3. pH-Korrektur auf 5,8–6,0.
4. Verflüssigungsenzym nach Herstellerangaben zudosieren (thermostabile α-Amaylase).
5. 70–75 °C, 60 Minuten (Verflüssigung); dann auf 55–60 °C kühlen.
6. pH-Korrektur auf 5,0.

7. Gesamtmalzmenge (15 kg/100 kg Getreide) und Verzuckerungsenzym nach Herstellerangaben bei 58 °C zudosieren.*
8. 52–58 °C, 30 Minuten (Verzuckerung); alternativ langsames Herabkühlen.
6. Kühlen auf Anstelltemperatur, etwa 30 °C, Hefezugabe (20 g/hl Maische je nach verwendeter Hefe).

Gärung

Der Gärvorgang nach dem Einmaischen mit Malz und technischen Enzymen entspricht der Gärung von Getreidemaischen (siehe Seite 28).

- Dauer 3–4 Tage.
- Gärtemperatur nicht über 35 °C.
- Steigraum berücksichtigen (Entschäumer zugeben).
- pH-Wert sinkt (Stoffwechseltätigkeit der Hefe).
- Bei einer gesunden, infektionsfreien Maische besteht keine Gefahr, dass der pH-Wert unter 4,2 sinkt.
- Betriebskontrolle am Ende der Gärung: Extraktgehalt um 0,5 % mas, pH-Wert 4,2–4,5.
- Die Maische sollte nicht gelagert, sondern nach der Endvergärung zügig gebrannt werden.

Jodtest

Der Jodtest ist ein Indikator für die Verzuckerung der Stärke. Für den Jodtest werden nach der Verzuckerungs-

---

* Wird Malz nur als Verzuckerungsmittel verwendet und angemeldet, gewährt das Hauptzollamt 15 % Malz pro 100 kg Getreide als Verzuckerungsmittel (nicht mit einem Ausbeutesatz besteuert). Dennoch ist es möglich, einen „Single Malt" Whisky aus 100 % Malz herzustellen (sensorische Vorteile), jedoch werden von dieser Malzschüttung nur 15 % als steuerfreies Verzuckerungsmittel gewährt (gilt nur für Abfindungsbrenner).

rast einige Milliliter Maische mit 1–2 Tropfen Jodtinktur versetzt. Sollte nach dem Mischen der Probe mit der Jodtinktur keine Verfärbung eintreten, ist der Stärkeabbau beendet. Verfärbt sich die Probe blau, so enthält die Maische noch Stärke. In diesem Fall sollte der Maischprozess wiederholt werden. Tritt eine Rotfärbung ein, ist die Konzentration von Dextrinen erhöht; dies spricht für eine unvollständige Verzuckerung. War die Verzuckerungsrast nicht erfolgreich, empfiehlt es sich die Maische erneut auf 55 °C zu erhitzen und eventuell erneut Glucoamylase zuzugeben. Die Temperatur wird so lang gehalten, bis bei einem erneuten Jodtest keine weitere Rotfärbung mehr auftritt.

1 Maischeprobe

2 Zugabe der Jodtinktur in die Probe.

3 Blaufärbung der Probe: In der Probe ist die Stärke noch nicht ausreichend enzymatisch gespalten/„abgebaut“.

4 Maischeprobe nach der Verzuckerungsrast → Zugabe der Jodtinktur.

5 Keine Verfärbung der Probe → Der Stärkeaufschluss ist zufriedenstellend.

Bestimmen des Extraktgehalts

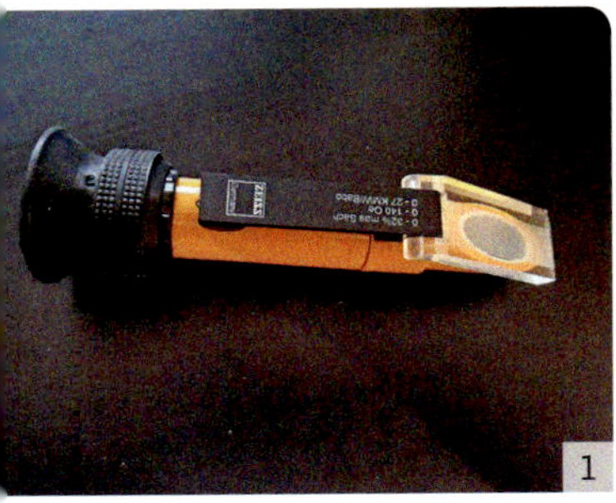

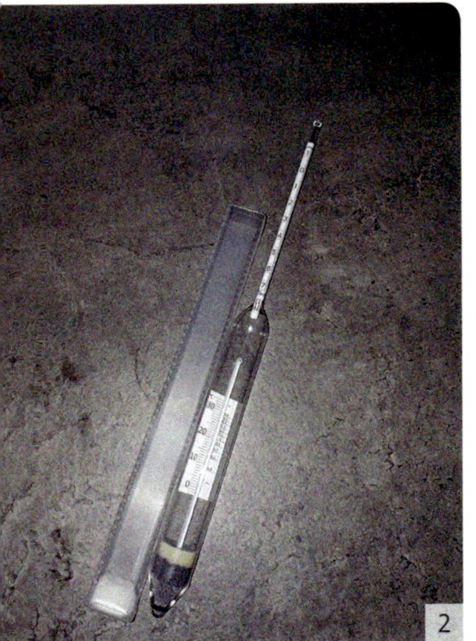

1 Refraktometer zum Bestimmen des Extraktes.

2 Saccharimeter zum Bestimmen des Extraktes.

Der Extraktgehalt gibt an, wie viele Inhaltsstoffe des Getreides im Wasser gelöst werden konnten. Der Extrakt besteht in erster Linie aus Zuckern und weiteren Stoffen wie Proteinen, Phenolen, Fetten, Säuren und Mineralstoffen. Anhand des Extraktgehalts kann der Brenner eine ungefähre Aussage darüber treffen, wie viel Zucker in der Maische vorliegt und welche theoretischen Alkoholausbeuten zu erwarten sind.

Mit einem Refraktometer kann der Extraktgehalt der Maische bestimmt werden. Man gibt einige Tropfen filtrierte Maische auf das Refraktometer und kann den Wert auf einer Skala ablesen. Alternativ kann ein Saccharimeter, auch als Extraktspindel bekannt, verwendet werden. Saccharimeter sind vergleichbar mit Alkoholspindeln und haben einen Messbereich von −1,0 bis +7,0 % mas. Der Extraktgehalt kann in den Einheiten

- Grad Oechsle (°Oe)
- Grad Plato (°Plato)
- Grad Brix (°Bx)
- Massenprozent (% mas.)

angegeben werden.

Der Extrakt sollte unbedingt sowohl in der süßen Maische (vor der Gärung) als auch nach der Gärung bestimmt und dokumentiert werden.

Malz

Malz ist gemälztes Getreide, also Getreide, welches zum Keimen gebracht wurde. Beim Mälzen werden wertvolle Enzyme wie Proteasen, Cellulasen, Pentosanasen und die für den Stärkeabbau wichtigen Amylasen aktiviert bzw. gebildet. Man unterscheidet grundsätzlich drei verschiedene Arten von Malzen: Darr-, Karamell- und Röstmalz. Darrmalze sollten eine hohe Enzymaktivität aufweisen. Die Enzymaktivität der Amylasen in diesen Malzen ist wichtig für den Aufschluss der Stärke. Karamell- und Röstmalze sind die hauptsächlichen Aromalieferanten für die Maische. Eine mikrobielle Belastung ist unerwünscht und sollte vermieden werden. Diese kann zu Problemen in der späteren Gärung führen.

Das Mälzen

Nach der Reinigung der Rohware wird diese gelagert. Die Lagerung ist je nach Getreidesorte notwendig, um die Keimruhe abzuwarten bzw. zu überwinden. Die Keimruhe ist der natürlich Schutzmechanismus des Getreides gegen vorzeitiges Auskeimen. Sie dient dazu, dass das Korn erst wieder bei günstigen Bedingungen anfängt zu keimen. Die Keimruhe bei Roggen beträgt nur wenige Tage, bei Weizen und Gerste einige Wochen. Nach der Reinigung und Lagerung wird das Getreide geweicht. Dafür lässt man es in Wasser quellen, bis der Wassergehalt des Korns ca. 40 % beträgt. Nach dem Weichen keimt das Korn im Keimkasten bei ca. 15 °C. Dabei werden wichtige Enzyme gebildet und das Zell-

Pilsener Malz

Wienermalz

Münchener Malz

gerüst teilweise abgebaut. Der Keimling kann so auf die Nährstoffe, die er zum Wachsen braucht, zugreifen. Nach dem Keimvorgang spricht man vom sogenannten Grünmalz. Das Grünmalz durchläuft einen Schwelk- und Darrprozess, bis ein Wassergehalt von ca. 4 % erreicht wird. Je nachdem, welches Malz hergestellt werden soll, wird der Darrprozess gesteuert. Ein helles Pilsner Malz wird beispielsweise kürzer und bei niedrigeren Temperaturen gedarrt als ein dunkles Münchner Malz.

Wird das Grünmalz nicht auf der Darre, sondern in einer Trommel durch Karamellisierung bzw. Röstung bei Temperaturen zwischen 130 °C und mehr als 200 °C finalisiert, erhält man die entsprechend farb- und v. a. aromaintensiven Spezialmalze. Diese sind aufgrund der hohen Prozesstemperaturen jedoch nicht mehr enzymaktiv.

Der Abdarr- bzw. Karamellisierungs- und Röstprozess ist maßgebend für Geschmack und Farbe des späteren Bieres bzw. der Maische. Rauchmalz wird zusätzlich während des Trocknungsprozesses mit Rauch beaufschlagt, ähnlich wie in einem Räucherofen. Das Malz nimmt so den „Rauchgeschmack“ an.

Pilsner Malz Der Klassiker und wohl bekannteste Vertreter, ein Malz aus Gerste mit heller Farbe und hoher Enzymaktivität.

Wienermalz Wie das Pilsner Malz ein Gerstenmalz, jedoch etwas dunkler und aromatischer aufgrund einer minimal höheren Darrtemperatur.

Münchner Malz Ein Gerstenmalz dunkler als Pilsner oder Wienermalz, verleiht ein intensives Malzaroma und Fülle.

Melanoidinmalz Gerstenmalz, welches mit einem speziellen Darrverfahren hergestellt wird. Verleiht kernige und typische Malznoten, wie Honig- und Biskuitaromen, und eine rötliche Farbe.

Weizenmalz Malz aus Weizen, ebenfalls in verschiedenen Farben und Röststufen erhältlich.

Roggenmalz Malz aus Roggen, in verschiedenen Farb- und Aromaausprägungen erhältlich, verleiht Destillaten ein breiteres, roggentypisches Aroma.

Rauchmalz Ein im Rauch gedarrtes Malz, eignet sich für Rauchbiere oder rauchbetonte Whiskys. Für einen rauchigen Whisky unbedingt notwendig. Die Rauchintensität wird in der Regel in ppm gemessen (Parts per Million). Umso mehr ppm, desto rauchiger das Malz bzw. das resultierende Destillat.

Melanoidinmalz

Weizenmalz

Roggenmalz

Karamellmalz Deutlich dunklere Malze, enzyminaktiv, verleihen Bieren und Maischen allerhand Farben und v. a. komplexe Aromen.

Röstmalz Gedarrte und mit hohen Temperaturen geröstete Malze, verleihen eine starke dunkle bis schwarze Farbe mit intensiven Röstaromen, erinnernd an Kaffee, Kakao und Schokolade.

Rauchmalz

Röstmalz

Karamellmalz

Weizen

Weizen (*Triticum* L.) zählt zur Familie der Süßgräser. Der Name Weizen wurde ursprünglich von „weißen“ abgeleitet, da das aufgeschlagene Korn wie auch das Mehl von Weizen sehr hell ist. Man unterscheidet den Weichweizen (*Triticum aestivum*) vom Hartweizen (*Triticum durum*).

Da Weizen eine relativ geringe Verkleisterungstemperatur und einen hohen Stärkegehalt hat, ist er ein sehr beliebtes Getreide unter Brennern. Die Verarbeitung ist verhältnismäßig einfach und die Ausbeute durchaus zufriedenstellend.

Weizen wird sehr gern für die Herstellung von Korn verwendet, da er sehr saubere und nicht allzu kräftige Destillate liefert.

Weichweizen

Das Korn des Weichweizens ist deutlich weicher als beim Hartweizen und eignet sich hervorragend zur Herstellung von Backwaren, Malz und Futtermitteln. Durch seinen höheren Stärkegehalt im Vergleich zu Hartweizen ist Weichweizen auch ideal für die Herstellung von Trinkalkohol wie auch Bioethanol geeignet.

In Deutschland wird hauptsächlich Winterweizen auf den Weizenanbauflächen ausgesät. Die Aussaat erfolgt im Herbst von Ende September bis Anfang Dezember. Sommerweizen wird im Frühjahr gesät, da Sommerweizen keine Vernalisation durch eine längere Kälteperiode benötigt. Wechselweizen ist ein Sommerweizen, der bereits in den späten Monaten des Vorjahres ausgesät werden kann, in der Regel im November oder Dezember.

Hartweizen

Hartweizen hat einen höheren Gehalt an Proteinen und Gluten. Das Korn ist fester als das des Weichweizens. Hauptsächlich werden aus Hartweizen Nahrungsmittel wie Nudeln, Bulgur oder Couscous erzeugt.

Der Anbau von Hartweizen erfolgt als Sommergetreide. In Europa wird Hartweizen hauptsächlich in Italien, Frankreich und Spanien produziert.

1 Bereitung einer Weizenmaische im Maischeapparat mit innenliegendem Kupferspirale/Kupferrohr.

2 Vergorene Weizenmaische mit 0,5 % mas Restextrakt.

Roggen

Roggen (*Secale cereale*) gehört zur Familie der Süßgräser und kam etwa 500 n.Chr. nach Mitteleuropa. Noch vor dem Zweiten Weltkrieg war die Anbaufläche von Roggen größer als diejenige von Weizen. Heutzutage wird jedoch deutlich mehr Weizen als Roggen angebaut. Roggen hat wenig Anspruch an den Boden und wächst sogar an trockenen und nährstoffarmen Standorten sehr gut.

Die Aussaat von Roggen erfolgt im Herbst. Nach der Winterruhe entwickelt sich die Pflanze im Frühjahr schnell, so dass Roggen relativ früh geerntet werden kann.

Mit seinen grau-grünlichen Halmen und den langen Grannen sowie der zweireihigen Ähre ist Roggen leicht zu erkennen. Er ist ein sehr guter Kalium- und Magnesiumlieferant. Das Mehl ist dunkler als das des Weizens, die Körner sind kleberarm, enthalten aber Pentosane.

Herstellen einer Roggenmaische.

Da Roggen die Feuchtigkeit relativ lang hält, ist Roggenmehl für die Sauerteigbereitung gut geeignet. Aber nicht nur unter Bäckern ist dieses Getreide beliebt – es ist mit seinem hohen Stärkegehalt und seinem ausgeprägten, typischen Geschmack ein ideales Getreide für die Herstellung von Getreidedestillaten oder Whisky. Bei der Verarbeitung von Roggen in der Brennerei muss jedoch beachtet werden, dass Roggen Pentosane enthält. Diese „Schleimstoffe" sorgen dafür, dass die Getreidemaische hochviskos werden kann. Es ist sinnvoll diese Pentosane mit Enzympräparaten, die Pentosanasen enthalten, zu verflüssigen, um Probleme bei der Verarbeitung zu vermeiden. Je niedriger die Viskosität einer Maische, desto besser kann diese gepumpt werden. Die Gärung verläuft besser und auch die Destillation und Stofftrennung kann aufgrund eines guten Wärmeübergangs besser erfolgen.

Befüllen der Brennblase mit vergorener Roggenmaische.

Roggenmalz und feinvermahlenes Roggenschrot.

Gerste

Gerste ist wohl das bekannteste und gebräuchlichste Getreide in der Herstellung von Whisky und Bier. In Schottland muss ein Single Malt Whisky aus Gerstenmalz hergestellt werden. Auch die deutschen Brauer müssen für ein untergäriges Bier, das nach dem deutschen Reinheitsgebot gebraut wird, Gerstenmalz verwenden.

Bereits vor 8000 Jahren diente die Gerste (*Hordeum vulgare*) in Mesopotamien als wichtiges Grundnahrungsmittel. Sie zählt, wie andere Getreidearten auch, zu den Süßgräßern.

Gerste kommt in zwei- und mehrzeiliger Form vor. Die uns bekannte Braugerste ist eine zweizeilige Gerste mit hohem Anteil an Stärke und vergleichsweise geringem Proteingehalt. Dies macht die Braugerste für die Bier-, Malz- und Destillatbereitung äußerst interessant.

Das Gerstenkorn ist fest mit den Spelzen verwachsen, diese Spelzen sind für die Bierbereitung im Läuterprozess (Abseihen der Würze) sehr wichtig, da die Spelzen eine Filterschicht bzw. einen Filterkuchen auf dem Siebboden des Läuterbottichs bilden. Weizenbiere die aus mindestens 50 % Weizenmalz bestehen, lassen sich tendenziell schwieriger läutern, da Weizenmalz keine Spelzen enthält. Für Brauereien, die ausschließlich mit Läuterbottichen arbeiten, sind die Spelzen der Gerste verfahrenstechnisch wichtig, um den Filterkuchen im Läuterbottich aufbauen zu können.

Gerste ist der bekannteste Rohstoff zur Herstellung von Whisky und verleiht den schottischen Single Malt Whiskys seinen typischen Geschmack, welcher mit einem abwechslungsreichen Fassmanagement und dem Einsatz von Rauch- und Röstmalzen eine Vielzahl verschiedener Whiskys ermöglicht.

Bei der Auswahl des Rohstoffs ist der Stärkegehalt für den Brenner einer der wichtigsten Parameter. Je höher der Stärkegehalt der Rohware, desto höher ist die theo-

Zugabe von Gerstenmalz.

Getreidesilo.

retische Ausbeute. Ebenso ist die Qualität der Gerste bzw. des Gerstenmalzes entscheidend. Nur aus guter Rohware kann auch ein gutes Destillat hergestellt werden. Die Destillation ist ein thermisches Trennverfahren, deshalb können nur die Aromen gewonnen werden, die auch in der Maische enthalten sind. Gute Aromen in der Maische gelangen durch die Destillation in das resultierende Destillat.

Triticale

Triticale ist eine Kreuzung aus Weizen und Roggen. Er vereint die Robustheit des Roggens mit einem ähnlich guten Ertrag wie beim Weizen. Aufgrund des hohen Anteils an Stärke ist dieses Getreide für die Alkoholproduktion interessant. Sensorisch lässt es sich zwischen Weizen und Roggen einordnen.

Der hohe Stärkegehalt und die hohe Biomasse machen Triticale wertvoll für die Erzeugung alternativer Brennstoffe wie Bioethanol und Biogas. Zu den größten Erzeugern von Triticale zählen Polen und Deutschland.

Der Rohstoff Triticale.

Dinkel

Dinkel (*Triticum spelta*) ist mit dem uns bekannten Weichweizen verwandt. Er gehört wie Gerste und Emmer zu den Spelzgetreiden: Das Getreidekorn ist von einer Spelzhülle umgeben.

Frühzeitig geernteter Dinkel.

Bei Grünkern handelt es sich um Dinkel, der zwei Wochen vor der eigentlichen Reife geerntet wird.

Zwar ist Dinkel ein naher Verwandter des Weizens, der Ertrag ist jedoch im Vergleich zu Weizen deutlich geringer. Dinkel verfügt aber dafür über mehr Mineralstoffe, z. B. Eisen, Magnesium und Zink. Auch liefert er wichtige Aminosäuren, die für die Bildung von Serotonin wichtig sind. Er erfreut sich daher in den letzten Jahren zunehmender Beliebtheit.

Dinkel hat ein leicht nussiges Aroma und ist intensiver im Geschmack als herkömmlicher Weizen.

Da Dinkel zu den Spelzgetreiden zählt, ist wie bei Hafer eine höhere Temperaturführung bei verunreinigter/belasteter Rohware sinnvoll. Diese ist allerdings nur unter Verwendung einer thermostabilen α-Amylase bei der Verflüssigung möglich.

Eine Kombination verschiedener Getreidesorten macht Getreidedestillate facettenreich und komplex zugleich. Eine Mischung aus Dinkel und anderen Getreidesorten bzw. Malzen ergibt sehr komplexe Destillate.

Dinkelkörner vor dem Vermahlen.

Hafer

Hafer (*Avena sativa*) gehört zur Familie der Süßgräßer und bildet als Fruchtstand keine Ähre wie bei Weizen, Roggen, Gerste oder Dinkel, sondern eine vielfach verzweigte Rispe.

Er wächst in gemäßigten, feuchten Klimaregionen mit hohem Niederschlag, vor allem in Nordamerika, Nord- und Mitteleuropa sowie in Teilen von Russland.

Ursprünglich stammt Hafer aus dem Schwarzmeergebiet und verbreitete sich von dort aus in Asien und Europa. Älteste Belege über die Kultivierung und Züchtung von Hafer gibt

Feinvermahlenes Haferschrot (geschälter Hafer).

es aus der Bronzezeit. Bis ins Mittelalter war Hafer ein wichtiges Grundnahrungsmittel, bis dieser von der Kartoffel, die aus Übersee nach Europa gelangte, verdrängt wurde. Ab dem 18. Jahrhundert wurde Hafer vermehrt als Futtermittel für Nutztiere eingesetzt. Da er im Vergleich zu anderen Getreidearten einen relativ geringen Ertrag liefert, wurde er von anderen Getreidearten mehr und mehr verdrängt.

In letzter Zeit erlangte Hafer nicht nur in der Herstellung ausgefallener Getreidebrände mehr Bedeutung, er ist auch aufgrund seines hohen Gehaltes an Vitamin B_1, Vitamin B_6, Silizium, Magnesium und Ballaststoffen wichtig für eine gute Ernährung. Hafer besitzt β-Glucan. Dieses hat einen positiven Effekt auf den Cholesterinspiegel, da es Gallenflüssigkeit im Darm bindet.

Die Spelzen des Hafers können zu enormen Schwierigkeiten in der Verarbeitung von Hafer in der Brennerei führen. Es wird daher empfohlen, geschälten Hafer zu verarbeiten. Ungeschälter Hafer setzt Leitungen zu, was zu hohem Arbeitsaufwand sowie gegebenenfalls Schäden am Inventar führen kann. Des Weiteren ist es sinnvoll, dieses Spelzgetreide bei Belastung mit einer höheren Verflüssigungstemperatur zu verarbeiten, da der Haferspelz zu Verunreinigungen führt und daraus eventuell resultierende Infektionen begünstigt. Wird eine höhere Temperatur gewählt, sollte eine thermostabile α-Amylase für die Verflüssigung eingesetzt werden.

Hafer hat einen geringeren Stärkegehalt als Weizen oder Roggen. Dementsprechend ist die Ausbeute geringer als von Roggen- oder Weizenmaischen: In Versuchsbränden war die Ausbeute von Hafermaischen um bis zu 15 % geringer als bei vergleichbaren Weizenmaischen.

Geschmacklich sind Haferdestillate sehr kernige, leicht brotige Destillate mit einem angenehmen und ausgeprägten Getreidegeschmack. Da Hafermaischen eher verhalten in Duft und Aromatik sind, ist es umso erstaunlicher, welch ausgeprägte Getreidebrände aus diesem Rohstoff entstehen können.

Getreidebrände aus Hafer bieten selbst ohne Fassausbau eine spannende Alternative zum Getreidebrand aus Weizen. Ein Ausbau im Fass verleiht dem Brand aber noch mehr Komplexität. Im Fassmanagement sind dem Brenner nahezu keine Grenzen gesetzt, um dem Destillat die verschiedensten geschmacklichen Facetten zu verleihen.

Maischebereitung einer Maische aus geschältem Hafer.

Emmer

Emmer (*Triticum dicoccum*), auch Zweikorn genannt, ist eine Weizenart, die mit Einkorn zu den ältesten Getreidesorten gehört. Man unterscheidet zwischen Sommer- und Winterformen. Da der Ertrag der Sommerformen deutlich geringer ist als bei den Winterformen, werden Letztere vermehrt angebaut.

Emmer hat im Vergleich zu Weizen einen höheren Gehalt an essenziellen Aminosäuren sowie höhere Gehalte an Mineralstoffen wie etwa Magnesium, Zink, Eisen, Phosphor Mangan und Selen. Die Mengen an Vitaminen und Spurenelementen sind ähnlich wie beim Weizen.

Das „Urgetreide" Emmer wird in den letzten Jahren auch immer beliebter in der Herstellung von Getreide- und Whiskydestillaten. Brenner und Destillateure haben durch die Verarbeitung von Emmer viele Möglichkeiten, sehr angenehme und elegante Produkte herzustellen.

Feingemahlenes Emmerschrot.

Einrühren des Emmerschrots in das vorgelegte Wasser.

Die Ausbeute von Emmerdestillaten ist aufgrund des etwas geringeren Stärkegehalts etwa um 5–10 % geringer als in vergleichbaren Weizendestillaten. Sensorisch ähneln sie sehr den Weizendestillaten, sie besitzen jedoch etwas ausgeprägtere Aromen im Gaumen und im Abgang.

Emmer gewinnt zunehmend in der Whiskyherstellung an Bedeutung. Beim Ausbau im Fass ist jedoch darauf zu achten, dass die Aromen nicht von zu starken Fassnoten überlagert werden. Die Holzfasslagerung sollte das Grunddestillat unterstützen und nicht übertönen. Um dem Emmer-Whisky komplexere Aromen zu verleihen, ist ein leichtes Finish in Ex-Sherry-Fässern, wie beispielsweise Pedro Ximenez, oder im Portwein-Fass möglich. Eine regelmäßige sensorische Beurteilung des Whiskys ist für ein auf das Produkt abgestimmtes Fassmanagement sinnvoll.

Buchweizen

Trotz seines Namens ist Buchweizen (*Fagopyrum*) kein Getreide, sondern ein Pseudogetreide, denn er gehört der Familie der Knöterichgewächse (Polygonaceae) an. Pseudogetreide sind Körnerfrüchte, die nicht zur Familie der Süßgräßer gehören – im Gegensatz zu den uns bekannten Getreidearten. Pseudogetreide hat keine Eigenbackfähigkeit wie etwa Weizen oder Roggen, jedoch ist es reich an Stärke, Eiweiß, Mineralstoffen und Fett. Andere bekannte Vertreter des Pseudogetreides sind vor allem Amarant und Quinoa.

Buchweizen stammt aus Zentral- und Ostasien, wo ideale Wachstums- und Klimabedingungen für den Anbau von Buchweizen herrschen.

Die zehn größten Produzenten von Buchweizen ernten über 96 % der Welternte. Zu ihnen gehören Russland, China und die Ukraine.

Buchweizen wird in der Destillatbereitung immer beliebter, spielt aber auch für die menschliche Ernährung aufgrund des hohen Vitamin-, Mineralien- und Spurenelement-Gehaltes eine große Rolle. Er hat im Vergleich zu Weizen einen viel höheren Gehalt an Folsäure, B-Vitaminen, Vitamin E, Kalium, Magnesium, Eisen, Fluor und Zink.

Für die Brennerei interessant und relevant ist der Stärkegehalt. Dieser ist bei Weizen und Buchweizen fast identisch, sodass bei richtiger Verarbeitung eine ähnliche Ausbeute erzielt werden kann.

Buchweizen-Destillate sind eher schlanke, elegante Destillate mit einem ausgewogenen Geschmack. Die Getreideintensität ist nicht wuchtig, aber auch nicht langweilig, leichte Getreidenoten halten sich angenehm im Gaumen. Buchweizen-Destillate sind auch ohne Holzfasslagerung interessante Produkte. Eine Kombination mit verschiedenen Getreidearten macht eine enorme Vielfalt der verschiedensten Aromen möglich.

Feinvermahlenes Buchweizenschrot.

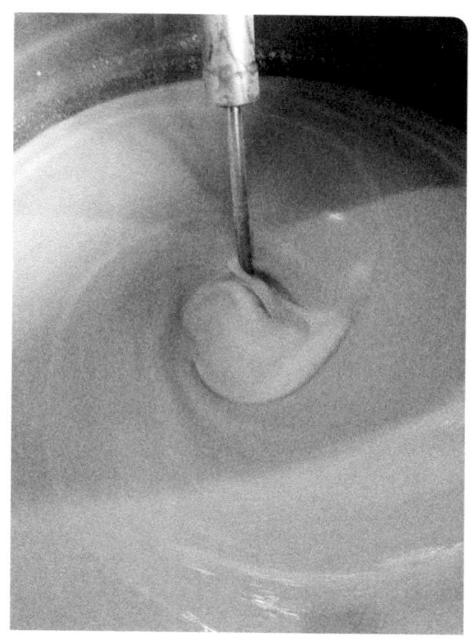

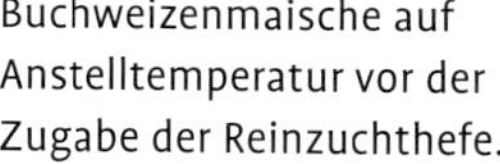

Buchweizenmaische auf Anstelltemperatur vor der Zugabe der Reinzuchthefe.

Kartoffel

Die Kartoffel (*Solanum tuberosum*) ist eines der bekanntesten Grundnahrungsmittel und gelangte von Südamerika durch die Spanier nach Europa. Die Pflanzen gehören zu den Nachtschattengewächsen und ihre „Früchte", die Sprossknollen, wachsen im Boden heran.

Kartoffelknollen eignen sich nicht nur zur Bereitung köstlicher Speisen, sondern dienen auch als Basis edler Spirituosen. Sie haben je nach Sorte einen Stärkegehalt von 15–20 %. Das ist deutlich weniger als vergleichsweise Getreide, jedoch ist dies auf den hohen Wassergehalt der Knolle zurückzuführen. Bei einer guten technischen Ausstattung sind nur noch geringe Mengen Wasser für die Maischebereitung von Nöten.

Verfügt man über eine entsprechende technische Ausrüstung wie große Rektifikationsanlagen sowie Methanolabtrennungsanlagen, kann aus Kartoffeln auch

Wodka hergestellt werden. Der Grenzwert von Methanol beträgt bei Wodka 10 g/hl r.A.

Da Kartoffeln in der Erde wachsen, ist die Rohware meist stark mit Erde verunreinigt. Eine gewissenhafte Reinigung der Kartoffeln, idealerweise mit einem Hochdruckreiniger, ist für die Herstellung guter Kartoffeldestillate unbedingt notwendig. Wird die Erde nicht entfernt, gelangen vermehrt unerwünschte Mikroorganismen in die Maische. Destillate aus verschmutzter Rohware weisen einen sehr ausgeprägten erdigen Geschmack auf.

Kartoffeln können mit einer Hammermühle aufgeschlossen und in den Maischer gepumpt werden. Da wie eingangs erwähnt die Kartoffel einen hohen Wassergehalt aufweist, müssen der Maische nur geringe Mengen bis gar kein Wasser zugegeben werden.

Bei der Maischebereitung sollte unbedingt zusätzlich mit einer thermostabilen α-Amylase gearbeitet werden, da durch die Rohware meist viele unerwünschte Mikroorganismen in die Maische gelangen. Bei hohen Temperaturen werden diese ungewollten Mikroorganismen abgetötet.

Die Temperatur sollte jedoch nicht über 100 °C steigen, da ab 100 °C selbst die thermostabile α-Amylase inaktiviert wird. Andernfalls kann die Kartoffel auch klassisch mit einem Dämpfer aufgeschlossen werden, in dem deutlich höhere Temperaturen und auch Drücke herrschen.

Je nach Qualität der Rohware ist es unter Umständen sinnvoll, das Kartoffeldestillat nach 2–3 Monaten nochmals fein zu brennen, da diese gegebenenfalls muffig werden können. Durch den erneuten Feinbrand werden diese muffigen Noten beseitigt, allerdings ist eine erneute Destillation immer mit dem Verlust von Alkohol verbunden.

Selektierung der Kartoffeln.

Hammermühle mit Kartoffelsiebeinsatz zum Aufschließen der Kartoffeln.

Süßkartoffel

Selektierung der Süßkartoffeln.

Süßkartoffeln (*Ipomoea batatas*) heißen zwar Kartoffeln, sind jedoch botanisch gesehen keine. Daher sind Süßkartoffeln zum derzeitigen Stand (2018) kein zugelassener Rohstoff in der Abfindungsbrennerei und dürfen folglich nur in Verschlussbrennereien gebrannt werden.

Süßkartoffeln gehören zu den Windengewächsen und bilden in der Erde Speicherwurzeln, die uns bekannten Süßkartoffeln. Geschmacklich ähneln Süßkartoffeln Möhren und Kartoffeln.

Wie bei der Speisekartoffel ist auch bei der Süßkartoffel eine intensive Reinigung der Knollen vor dem Maischen erforderlich. Eine Reinigung mit starkem Wasserstrahl oder Hochdruckreiniger hat sich bewährt. Wird die Süßkartoffel mit der Hammermühle aufgeschlossen, muss jedoch

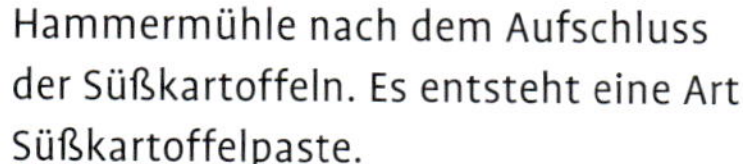

Hammermühle nach dem Aufschluss der Süßkartoffeln. Es entsteht eine Art Süßkartoffelpaste.

Süßkartoffelmaische.

beachtet werden, dass trotz des hohen Wassergehalts eine Art Paste entsteht, was eine Zugabe von Wasser unerlässlich macht. Der Maischprozess ähnelt dem der Kartoffel und sollte ebenfalls mit einer thermostabilen α-Amylase und bei höheren Temperaturen erfolgen. Die vergorene Süßkartoffelmaische schmeckt, anders als die Ausgangs-Rohware, eher seifig.

Sensorisch sind Spirituosen aus Süßkartoffeln eher seifig geprägt. Der hohe Arbeitsaufwand sowie die hohen Kosten der Rohware machen das Herstellen von Süßkartoffeldestillaten für viele Brenner unwirtschaftlich. Wird die Süßkartoffel in Zukunft nicht als Rohstoff für den Abfindungsbrenner zugelassen, werden Süßkartoffeldestillate wohl eher ein Nischenprodukt bleiben.

Alkoholische Gärung

Die alkoholische Gärung ist essenziell für die Herstellung von Destillaten. Bei der alkoholischen Gärung bilden Hefen aus vergärbaren Zuckern unter anaeroben Bedingungen (das heißt ohne Sauerstoff) Ethanol, CO_2 und zu geringen Teilen Gärungsnebenprodukte.

Die verwendete Hefe hat Einfluss auf die Menge an gebildeten Nebenprodukten. Eine Reinzuchthefe ist dahingehend selektiert, dass diese viel Ethanol, rohstofftypische Aromen und wenig negative Nebenprodukte, wie Acetaldehyd, Glycerin, Essigsäure und daraus resultierende Essigsäureethylester, sowie Fuselalkohole und andere unerwünschte Produkte bildet.

Die Gärung erfolgt in zwölf Reaktionsschritten. In diesen zwölf Schritten werden aus dem C_6-Molekül Glucose durch verschiedene Enzyme und enzymatische Vorgänge zwei C_2-Moleküle Ethanol und zwei Moleküle Kohlendioxid gebildet bilden.

Die Gärung ist ein wichtiger Parameter in der Herstellung von Destillaten und sollte grundsätzlich mit einer geeigneten Hefe, idealen Temperaturen und einer ausreichenden Menge an Nährstoffen erfolgen. Je besser die Gärbedingungen, umso besser und aromaschonender kann die Gärung verlaufen. Die Wahl des Rohstoffes, die gewissenhafte Maischebereitung sowie eine optimale Gärung sind die Grundvoraussetzung für qualitativ hochwertige Destillate.

Hefe

Saccharomyces cerevisiae ist die am weitesten verbreitete Hefe bei der Herstellung von alkoholischen Getränken wie beispielsweise Wein, Fruchtwein, obergärigem Bier und Bränden.

Hefen sind einzellige Pilze und gehören zu den Eukaryoten, die im Gegensatz zu den Prokaryoten einen Zellkern besitzen. Bekannte Vertreter der Prokaryoten sind vor allem Bakterien.

Saccharomyces cerevisiae vermehrt sich durch Knospung bzw. Sprossung, das heißt die Mutterhefe bildet eine Knospe (Tochterzelle), die heranwächst und sich von der Mutterhefe abspaltet. Diese Abspaltung hin-

Erwünschte und unerwünschte Hefen

Hefen		**Eigenschaften**
Erwünschte Hefen:	Saccharomyzeten	Hefe für die Vergärung von Maischen, Weinen, Fruchtweinen und obergärigen Bieren
Unerwünschte Hefen:	*Kloeckera apiculata*	aktiv in der Angärphase (bis 1–2 % Alkohol)
	„*Hansenula anomala*"	sehr selten, Esterbildung, ähnlich *Candida*
	Brettanomyces	unerwünschte Aromen, Pferdedecke, Ziegenbock, bekannter Böckser im Wein
	Wilde Hefen bzw. Fremdhefen	geringe Alkoholtoleranz (bis 4 % vol), unerwünschte Aromen
	„Kahmhefen"	benötigen Sauerstoff, verstoffwechseln Zucker und Ethanol, zerstören fruchttypische Aromen

terlässt auf der Mutterzelle eine „Narbe“, welche unter einem hochauflösenden Mikroskop zu erkennen ist.

Die Gärung der Hefe kann man grob in drei Phasen unterteilen:

Angärphase: In der Maische befindet sich Sauerstoff, der Stoffwechsel der Hefe ist aerob, die Hefe vermehrt sich.

Hauptgärung: Der Sauerstoff ist aufgebraucht, die Hefe stellt ihren Stoffwechsel auf anaerob um, die Gärung beginnt. Es entstehen Ethanol und Kohlendioxid sowie geringe Mengen Gärungsnebenprodukte.

Abklingende Gärung: Die vergärbaren Zucker sind fast aufgebraucht, die CO_2-Bildung nimmt ab, die Gärung kommt zum Erliegen.

Reinzuchthefen (*Saccharomyces cerevisiae*)

Reinzuchthefen gewährleisten bei richtiger Anwendung eine sichere und steuerbare Gärung. Die Kulturhefen sind auf maximale Alkoholbildung ausgerichtet. Die hohe Hefezellzahl der Reinzuchthefe beim Beimpfen der Maische überwuchert vorhandene schädliche Mikroorganismen. Reinzuchthefen sind in der Lage, auch bei niedrigen pH-Werten ihre Arbeit zu verrichten (Obstmaischen).

Die „wilden Hefen“ oder auch „Fremdhefen“ produzieren wenig Alkohol; bereits bei niedrigen Alkoholkonzentrationen werden sie gehemmt und hören auf, die vergärbaren Zucker in der Maische zu vergären. Mit dem unvergorenen Restextrakt können andere Mikroorganismen ihren Stoffwechsel betreiben – ein Wachstum von unerwünschten Mikroorganismen ist die Folge.

Bei der Gärung von „wilden Hefen“ werden deutlich mehr Gärungsnebenprodukte und Produkte von Bakterien gebildet, z. B. Essigsäure und Acetaldehyd, die

Trockenreinzuchthefe vor dem Rehydratisieren mit handwarmem Wasser.

Rehydrierte, mit handwarmem Wasser angerührte, obergärige Trockenreinzuchthefe (*Saccharomyces cerevisae*).

sich negativ auf das Aroma des Destillats auswirken. Essigsäure verestert sich mit Ethanol zum Essigsäure-Ethylester, welcher eher als Vorlaufton oder Uhu-Ester- bzw. Lösemittelton bekannt ist. Die Folge: Es fällt bei spontan vergorenen Maischen deutlich mehr Vorlauf an. Die Ausbeute und Qualität des Destillats ist ebenfalls geringer als bei Maischen, welche mit Reinzuchthefe vergoren wurden.

Beispiel Bakterienstoffwechsel und dessen Produkte

- Essigsäure
  - < 2 g/l normal
  - < 1 g/l ideal
  - > 4 g/l Fehlgärung
- Acetaldehyd

Hefestoffwechsel
Hauptprodukte:
- Ethanol
- Kohlendioxid

Nebenprodukte:
- Glyzerin
- Acetaldehyd
- höhere Alkohole
  - 3-Methyl-1-Butanol, 2-Methyl-1-Butanol, 2-Methyl-1-Propanol
  - 2-Butanol → nur in Obst- und Weinbränden, nicht in Getreidebränden und Kartoffeldestillaten

Abbau des Zuckers – die alkoholische Gärung

$C_6H_{12}O_6 \rightarrow 2\ C_2H_5OH + 2\ CO_2$
Glucose → Ethanol + Kohlendioxid

Hieraus ergeben sich (durch die Molekulargewichte) folgende Mengenverhältnisse:
180,1 = 92,1 + 88,0 Gewichtsteile

Bezogen auf 100 %:

100 % = 51,14 % + 48,86 %
Glucose → Ethanol + Kohlendioxid

Fast die Hälfte des eingesetzten Zuckers geht also während der Gärung verloren!

Dies sind theoretische Werte. In der Praxis ist die Ethanolausbeute aufgrund von Stoffwechselvorgängen der Hefe noch etwas geringer.

Stoffumwandlung bei der Gärung:

$C_6H_{12}O_6$	→	$2\ C_2H_5OH$	+ $2\ CO_2$	+ 2 ATP	+ 22 kcal (= 92 kJ Wärme frei)
100 kg	→	51 kg Ethanol	+ 49 kg CO_2		
100 kg	→	64,8 l Ethanol	+ 24 m^3 CO_2		

Aufgrund der hohen Menge an CO_2, welches während der Gärung entsteht, ist es sinnvoll, den Gärraum zu belüften bzw. das entstehende CO_2 direkt auszuleiten.

Alkoholverluste in der Gärung

Die theoretische Alkoholmenge ist nicht immer gleich der tatsächlichen Menge an Alkohol, welcher während der Gärung entsteht. Die Differenz zwischen theoretischer Alkoholmenge und tatsächlicher Alkoholmenge der Maische sollte möglichst gering ausfallen. Gründe für Alkoholverluste in der Gärung können sein:

- Hefevermehrung bzw. Hefestoffwechsel: 1–5 %
- Nebenproduktbildung: 3–5 % (Gärtemperatur beachten)
- Unvollständige Verzuckerung: 0,1–XX %
- Unvergorener Extrakt: 0,2–1,5 %
- Verdunstung mit CO_2-Gas: 0,1–0,4 %
- Infektionen, Bakterien, Stoffwechselvorgänge unerwünschter Mikroorganismen: 0,1 %–XX % (je nach mikrobieller Belastung)

Voraussetzung für einen reibungslosen Gärverlauf

Wichtig für eine reibungslose Gärung ist vor allem ein hohes Maß an Hygiene und Sauberkeit. Die Gärfässer bzw. -tanks sollten vor dem Befüllen mit Maische grundsätzlich gereinigt werden. 20 % des Gärtanks bzw. -fasses sollte als Steigraum berücksichtigt werden, um ein Herausquellen der Maische aus dem Gärspund zu vermeiden. Drückt sich die Maische aufgrund eines zu gering bemessenen Steigraums durch den Gäraufsatz, dient die Maische als Brücke für unerwünschte Mikroorganismen, welche in die zu vergärende Maische gelangen können. Das Gärgefäß muss dicht verschlossen und zwingend mit einem Gäraufsatz, welcher mit Wasser oder 1 %iger Schwefelsäure befüllt ist, versehen werden, damit das bei der Gärung entstehende CO_2 über den Gärspund entweichen kann. Geschieht dies nicht, kann ein gefährlicher Überdruck im Gärgefäß entstehen. Das Wasser im Gärröhrchen oder Gärspund sorgt dafür, dass CO_2 aus dem Gärgefäß entweichen kann, ohne dass Sauerstoff in das Gärgefäß gelangt. Kommt Sauerstoff in das Gärgefäß, können sich Schimmel, Kahmhefe und Essigsäure in der Maische ausbreiten.

Die Gärtemperatur sollte bei Getreidemaischen nicht über 35 °C steigen, da sonst zu viele unerwünschte Gärungsnebenprodukte entstehen, die sich negativ auf das Aroma auswirken können. Die zu vergärende Maische sollte keinen hohen Temperaturschwankungen ausgesetzt sein. Ideal wäre eine temperaturgesteuerte Gärung.

Die Phasen der Gärung

Angärphase

- Hefevermehrung durch Sprossung
- Kaum Alkoholbildung
- Restlicher Sauerstoff wird verstoffwechselt
- Nach 8–12 Stunden CO_2-Bildung am Gärspund sichtbar

Hauptgärphase

- Die Hefe hat nun ihren Stoffwechsel komplett auf anaerob umgestellt
- Hefevermehrung weitgehend abgeschlossen
- Alkoholbildung steht im Vordergrund
- Entweichendes CO_2 verursacht Konvektion in der Maische
- Wurde der Steigraum zu gering bemessen, drückt sich Maische aus dem Gärspund, was zu Infektion, Aromaverlust und höherem Vorlaufanteil führen kann

Abklingende Gärung

- CO_2-Bildung nimmt ab
- Durch Druck- und Temperaturschwankungen kann Sauerstoff in den Gärbehälter gelangen
- Gefahr der Essigsäure- und Essigsäureethylesterbildung

Ende der Gärung

- Die Maische sollte nach Beendigung der Gärung zeitnah gebrannt werden

Gärführung

Getreidemaischen werden relativ warm und schnell vergoren, dennoch sollte eine Gärtemperatur von 35 °C nicht überschritten werden. In der Gärung steigt die Temperatur der Maische an, deshalb ist auf die ideale Anstelltemperatur zu achten. Die Anstelltemperatur sollte 30 °C nicht übersteigen, da die Maische in der Gärung zu warm werden würde. Hat man keine Möglichkeit den Gärtank zu kühlen, spielt die Anstell- und Raumtemperatur eine sehr große Rolle. Die Gärdauer beläuft sich in der Regel auf 3–4 Tage, wird die Maische bei deutlich niedrigeren Temperaturen vergoren, dauert die Gärung deutlich länger; bei sehr kalten Temperatur kann sie sogar ganz zum Erliegen kommen. Gärraum, wie auch Gärgebinde sollten konstante und optimale Temperaturen aufweisen, um eine zufriedenstellende Gärung zu gewährleisten. Die endvergorene Maische sollte einen Restextrakt von 0,5 % mas bei Weizen und 1,0 % mas bei Roggen aufweisen. In Roggen sind Pentosane (Schleimstoffe) enthalten. Diese Pentosane verursachen eine höhere Viskosität von Roggenmaischen sowie einen höheren Restextrakt bei vergorenen Maischen.

Die Maische sollte nicht gelagert, sondern sofort abgebrannt werden!

Gärung von Maischen stärkehaltiger Rohstoffe

- Dauer 3–4 Tage
- Gärtemperatur nicht über 35 °C
- Steigraum berücksichtigen (Entschäumer zugeben)
- pH-Wert sinkt (Stoffwechseltätigkeit der Hefe)
- Bei einer gesunden, infektionsfreien Maische besteht keine Gefahr, dass der pH-Wert unter 4,2 sinkt.
- Betriebskontrolle am Ende der Gärung: Extraktgehalt um 0,5 % mas, pH-Wert 4,2–4,5

Ursachen für Gärstörungen

- Falsche Temperaturführung
- Nährstoffmangel → Stickstoffmangel
- pH-Wert falsch eingestellt
- Schlechter enzymatischer Aufschluss von Getreidemaischen
- Inaktive Hefe
- Undichtes Gärgefäß
- Infektionen
- Fehlende Betriebshygiene

Restzuckerschnelltest

Um den Endvergärungsgrad einer vergorenen Maische zu beurteilen, kann man im Brennereibedarf auch einen Restzuckerschnelltest erwerben, welcher per Farbumschlag den Endvergärungsgrad der Maische bestimmen lässt.

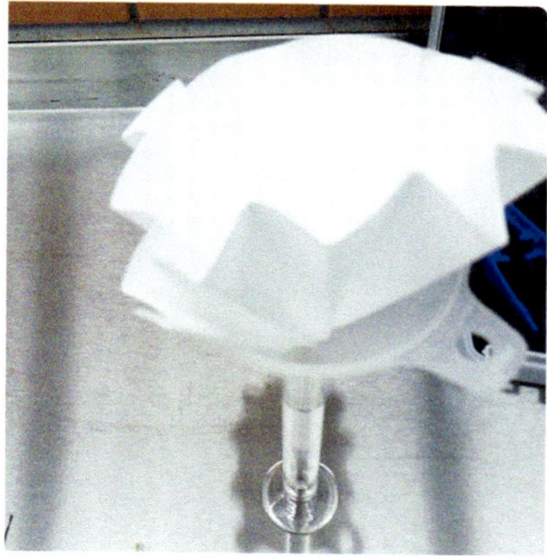

Für den Restzuckerschnelltest muss die Probe filtriert werden.

Filtrierte Probe.

Nach Zugabe der Tablette beginnt die Reaktion. Achtung, es entsteht Wärme!

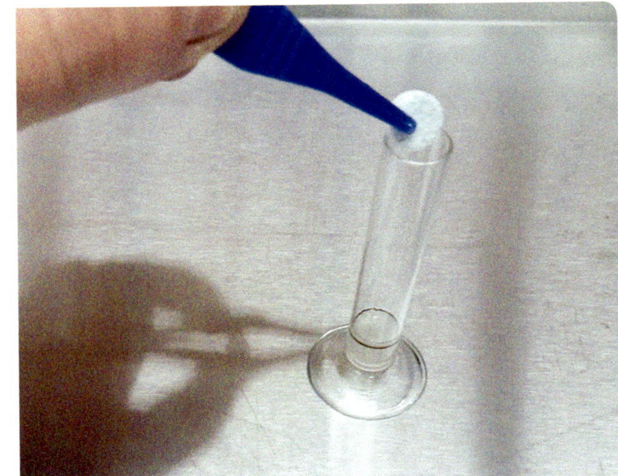

Nach der Reaktion kann mittels Farbumschlag und der beiliegenden Farbskala der Restextrakt ermittelt werden.

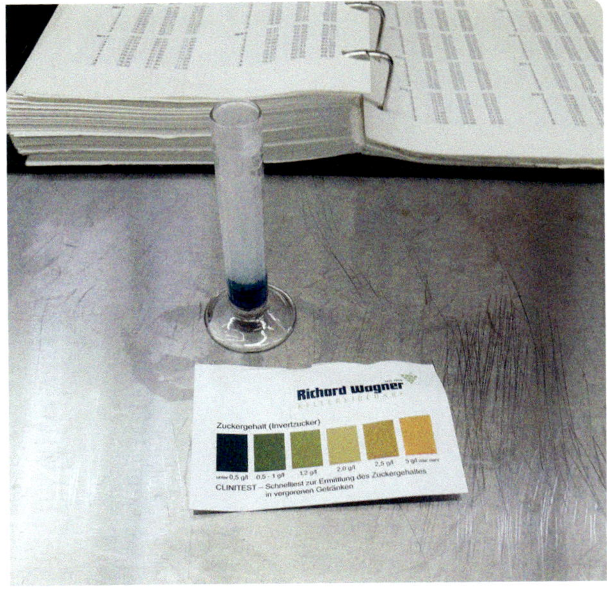

Unerwünschte Mikroorganismen in der Brennerei

In der Brennerei gibt es viele Mikroorganismen, die in der Maischebereitung sowie der Gärung zu Problemen, Ausbeuteverlust und Fehlaromen führen können. Der Brenner sollte wissen, wie er die Ausbreitung dieser Mikroorganismen unterbinden kann. Folgende Mikroorganismen sind im Brennereibetrieb unwerwünscht:

Milchsäurebakterien
- Gattung *Streptococcus*, *Lactobacillus*, *Leuconostoc* u. a.
- Milchsäuregärung eher bei Gemüsesäften erwünscht

Buttersäurebakterien
- Gattung *Clostridium* am gefürchtetsten
- bilden unangenehme Geruchsstoffe: Buttersäure, Essigsäure, Aceton

Essigsäurebakterien
- Gattung *Acetobacter*
- wandeln Ethanol in Essigsäure um
- aerob (benötigen Sauerstoff)

Schimmelpilze
- benötigen Sauerstoff
- Schadkeim
- Fehlaromen

Kahmhefen
- benötigen Sauerstoff
- verstoffwechseln Zucker und Ethanol
- zerstören fruchttypische Aromen (in Obstmaischen)

Wildhefen bzw. Fremdhefen
- geringe Alkoholtoleranz
- viele Gärungsnebenprodukte
- unerwünschte Aromen

Grundlagen der Destillation

Was ist Ethanol? Wie funktioniert der Destillationsprozess? Welche Verfahren gibt es? Diese und viele weitere Fragen werden in diesem Kapitel beantwortet sowie Begriffe, die für die Destillation wichtig sind, erläutert.

Ethanol

Ethanol ist eine leicht bewegliche Flüssigkeit mit einem Siedepunkt von 78,3 °C. Es handelt sich um einen Alkohol, der mit einer blauen Flamme verbrennt. Alkohol-Luft-Gemische sind explosionsfähig, deshalb ist in der Planung einer Brennerei der Explosionsschutz nicht zu vernachlässigen. Ethanol mit 95 % vol hat einen Flammpunkt von 16 °C, der Flammpunkt ist die niedrigste Temperatur, bei der sich über einem Stoff ein zündfähiges Dampf-Luft-Gemisch bilden kann. Mit 0,7893 kg/dm^3 ist die Dichte von Alkohol geringer als die Dichte von Wasser.

Siedepunkt

Der Siedepunkt ist die Temperatur, bei der eine Flüssigkeit unter atmosphärischem Druck von 1,013 bar zu sieden beginnt. Am Siedepunkt ist der Dampfdruck der Flüssigkeit gleich dem äußeren Druck.

Wassermoleküle verfügen über sogenannte Wasserstoffbrückenbindungen. Diese Bindungen sorgen dafür, dass sich Wassermoleküle gegenseitig anziehen. Alkoholmoleküle hingegen ziehen sich nicht so stark an wie Wassermoleküle, deshalb kommt es in der Dampfphase einer Alkohol-Wasser-Mischung zur Anreicherung von Alkoholmolekülen.

Der Dampfdruck von Flüssigkeiten ist abhängig von der Temperatur und verläuft bei Alkohol-Wasser-Mischungen nicht linear. In einer Alkohol-Wasser-Mischung hat Alkohol einen höheren Dampfdruck als Wasser.

Destillation

Hierbei handelt es sich um ein thermisches Trennverfahren. Aus einem Flüssigkeitsgemisch wird ein Teil verdampft und anschließend kondensiert. Die Trennung erfolgt allein aufgrund des Siedegleichgewichtes, nach dem der Dampf mehr leichter siedende Komponenten enthält als das Gemisch selbst.

Rektifikation

Die Rektifikation, auch Gegenstromdestillation genannt, ist die Anreicherung der leichter siedenden Komponenten im Gemischdampf und der schwerer siedenden Komponenten in der Flüssigkeit durch einen Gegenstrom von Dampf und Kondensat in einer vertikalen Austauschsäule.

Bei der Rektifikation wird die Dampfphase zusätzlich noch einem Wärme- und Stoffaustausch mit der entgegenströmenden „Rückflussflüssigkeit" unterworfen. Die durch den Stoffaustausch stark verbesserte Trennwirkung hat jedoch einen höheren Energiebedarf. Die wichtigsten Bauteile sind die Glocken- und/oder Siebböden in der Rektifizierkolonne inkl. des Dephlegmators (ohne „Kühler" [Dephlegmator] kein Rückfluss).

Verschluss-brennerei der Brennerei Schroll in Schwangau.

Der Brennprozess

Der Siedepunkt von Ethanol liegt bei 78,3 °C, der von Wasser hingegen bei 100 °C. Wird Ethanol mit Wasser gemischt, liegt der Siedepunkt der Alkohol-Wasser-Mischung zwischen 78,3 °C und 100 °C, je höher der Wasseranteil, umso höher die Siedetemperatur (näher an 100 °C). Steigt der Ethanolgehalt der Alkohol-

Wasser-Mischung, kurz AWM, sinkt die Siedetemperatur (Richtung 78,3 °C). Eine AWM mit 10 % vol siedet bei 92,63 °C. Wird die AWM bzw. Maische auf diese Temperatur erhitzt, siedet die Flüssigkeit.

Siedepunkt einer Alkohol-Wasser-Mischung in Abhängigkeit vom Alkoholgehalt

Alkoholgehalt	Siedepunkt
0 % vol	100 °C
1 % vol	99 °C
3 % vol	97,32 °C
5 % vol	95,81 °C
10 % vol	92,63 °C
20 % vol	88,38 °C
40 % vol	84,08 °C
80 % vol	79,90 °C
100 % vol	78,32 °C

Wassermoleküle haben aufgrund der Wasserstoffbrückenbindungen die Tendenz, sich „festzuhalten“, wodurch es in der Dampfphase zu einer Anreicherung von Ethanol kommt. Dadurch steigt der Alkoholgehalt in der Dampfphase an. Diese Anreicherung, auch Verstärkung genannt, wird von Destillation zu Destillation geringer.

Beispiel:
Eine AWM, z. B. eine Getreidemaische, mit 10 % vol Alkohol wird destilliert. Es entsteht bei der ersten Destillation ein Destillat mit 32,7 % (Verstärkungsfaktor 3,27).

Wird dieses Destillat erneut destilliert, enthält das daraus resultierende Destillat einen Alkoholgehalt von 58,3 % vol (Verstärkungsfaktor 1,78). Wird das Destillat der zweiten Destillation ein drittes Mal destilliert, entsteht ein Destillat mit 74,8 % vol (Verstärkungsfaktor 1,28).

Mit jeder Destillation steigt zwar der Alkoholgehalt im Destillat, die Verstärkung bzw. Anreicherung jeder weiteren Destillation sinkt jedoch tendenziell. Je früher die Destillation abgebrochen wird, desto höher ist der Alkoholgehalt des Destillats. Bei frühzeitigem Beenden des Brandes sinkt die Gesamtausbeute.

Verstärkung von Alkohol je Destillation

Ethanol-Konz. der Flüssigkeit	Ethanol-Konz. des Destillats	Verstärkungsfaktor
10 % vol	32,7 % vol	3,27
32,7 % vol	58,3 % vol	1,78
58,3 % vol	74,8 % vol	1,28
74,8 % vol	83,2 % vol	1,11
83,2 % vol	87,3 % vol	1,05

Azetrop

Durch Destillation und Rektifikation lässt sich der Alkoholgehalt des Destillats nicht höher als 97,2 % vol anreichern. Ab diesem Punkt stellt sich ein azetropisches Verhalten zwischen Dampfphase und Flüssigkeitsphase ein. Ein Azetrop ist ein Gemisch, bei dem der Dampf die gleiche Zusammensetzung aufweist wie die Ausgangsflüssigkeit. Eine weitere Aufkonzentrierung ist ohne andere technische Verfahren nicht möglich. Ein Alkohol-Wasser-Gemisch mit 97,2 % vol hat einen Siedepunkt von 78,15 °C, reiner Alkohol von 78,3 °C. Dies verhindert ein weiteres Aufkonzentrieren des Alkohols.

Destillationsverfahren

In der Brennerei unterscheidet man zwei Destillationsverfahren. Zum einen das klassische Roh- und Feinbrand-Verfahren nur über Helm und Geistrohr, welches in der Herstellung von Cognac und schottischem Whisky noch sehr verbreitet ist, zum anderen die Rektifikation, auch Gegenstromdestillation genannt, mit Destillierböden und Dephlegmator in einer Verstärkerkolonne.

Roh- und Feinbrand-Verfahren

Viele schottische Whiskydestillerien produzieren ihren Whisky auf großen Brennblasen im Roh- und Feinbrand-Verfahren. Die Rohbrandblase wird dabei Wash Still genannt und die Feinbrandblase Spirit Still. Die meisten Destillerien in Schottland brennen jedoch mit mehreren Brennereien, um große Mengen produzieren zu können.

Beim Roh- und Feinbrand-Verfahren werden sehr traditionelle Destilliergeräte verwendet. Sie sind mit einer Brennblase (evtl. mit Rührwerk), Helm, Geistrohr und Kühler ausgestattet. Es sind in der Regel 2–3 Rohbrände nötig, um einen Feinbrand destillieren zu können. Der Brennvorgang wird ab einem Alkoholgehalt von 5–10 % vol in der Vorlage abgebrochen, da eine längere Destillationsdauer energetisch unwirtschaftlich wäre. Die Rohbrände mit einem Alkoholgehalt von 25–35 % vol werden in die Brennblase gegeben und im Feinbrand fein gebrannt.

Das Aufheizen der Roh- und Feinbrände sollte relativ langsam erfolgen, um eine bessere Trennung von erwünschten und unerwünschten Komponenten zu ge-

Altes Brenngerät, Deko-Brennerei in Alzenau Brennerei Simon.

währleisten. Eine langsame Destillation ermöglicht eine bessere Fraktionierung in Vor-, Mittel- und Nachlauf. Die Fraktionierung erfolgt im Feinbrand sowie sensorisch. Die Alkoholkonzentration sowie die Alkoholausbeute von Bränden, die mittels Roh-Feinbrand-Verfahren hergestellt wurden, ist geringer als von Bränden, die rektifiziert wurden. Das liegt daran, dass es zu keinem Rückfluss während der Destillation durch einen Dephlegmator kommt. Ebenso ist die Trennung aufgrund fehlender Destillierböden weniger effektiv.

Rektifikation (Gegenstromdestillation) mit Destillierböden

In Deutschland sind Destilliergeräte mit einer Verstärkerkolonne weit verbreitet. Diese Destilliergeräte sind in der Regel mit Brennblase inkl. Rührwerk, Verstärkerkolonne mit Destillierböden und Dephlegmator, Katalysator, Geistrohr und Kühler ausgestattet.

Hauptbauteil ist die Verstärkerkolonne mit den sogenannten Destillierböden und dem Dephlegmator. Die gängigsten Destillierböden sind Glockenböden oder Siebböden, oberhalb der Destillierböden befindet sich der Dephlegmator. Der Dephlegmator wird mit Wasser gespeist und kühlt innerhalb der Verstärkerkolonne den aufsteigenden Dampf. Leicht siedende Komponenten passieren dampfförmig den Dephlegmator. Schwerer siedende, unerwünschte Komponenten wie Fuselalkohole und Wasser kondensieren am Dephlegmator und fließen über die Destillierböden zurück in die Brennblase. Durch das Kondensieren unerwünschter Inhaltsstoffe am Dephlegmator steigt der Alkoholgehalt in der Dampfphase, das Destillat läuft in der Vorlage hochprozentiger.

Jeder eingeschaltete Destillierboden kann mit einem Destillierprozess im klassischen Sinne „verglichen“ werden. Es ist mit der Gegenstromdestillation – in einem Brennvorgang – möglich, ein fertiges, hochprozentiges Destillat (etwa 85 % vol) herzustellen. Die Mittellaufausbeute ist größer und der Anteil an unerwünschten Fuselalkoholen ist geringer. Unerwünschte Komponenten, z. B. Nachlaufkomponenten, können durch den Rückfluss innerhalb der Kolonne besser abgetrennt und in den Nachlauf geschoben werden. Die Destillation bzw. Rektifikation ist ein Trennverfahren bzw. ein Reinigungsprozess von erwünschten und unerwünschten Aromakomponenten.

Die Fraktionierung in Vor-, Mittel- und Nachlauf sollte bei der Rektifikation sensorisch erfolgen. Bei der Rektifikation ist der Alkoholgehalt in der Vorlage relativ lang hochprozentig und fällt am Ende des Brennvorgangs (Nachlauf) schlagartig ab. Dies ist ein Zeichen, dass nahezu der gesamte Alkohol aus der Maische gewonnen wurde. Die Destillationsdauer eines Brennvorgangs sollte relativ lang gewählt werden, damit eine zufriedenstellende Reinigung innerhalb der Verstärkerkolonne gewährleistet werden kann. Eine Destillationsdauer von 2–2,5 Stunden bei einer 150-Liter-Brennblase ist keine Seltenheit. Ein Brennvorgang sollte jedoch nicht extrem in die Länge gezogen werden, vor allem in sehr alten, direktbefeuerten Destilliergeräten, um einen Kochton im Destillat zu vermeiden.

Brennblasen

Bis zum 31.12.2017 war die Brennblasengröße für Abfindungsbrennereien auf maximal 150 l Fassungsvermögen begrenzt. Mit dem Fall des Branntweinmonopolgesetzes ist die Blasengröße für Abfindungsbrennereien ab dem 01.01.2018 nicht mehr begrenzt. Für Verschlussbrennereien galt diese Begrenzung nicht.

Heutige Brennblasen sind von einem Wasserbad umschlossen, um eine indirekte Beheizung zu gewährleisten. Dies verhindert ein Anbrennen der Maische und daraus resultierende, unangenehme Geschmacksstoffe im Destillat. Dampfbeheizte Brennereien besitzen kein

300 l Verschlussbrennerei der Brennerei Simon in Alzenau.

Wasserbad, da durch Wasserdampf ebenfalls keine Gefahr des Anbrennens der Maische besteht.

Brennblasen können mit den verschiedensten Brennstoffen betrieben werden. Die gängigsten Arten der Beheizung sind:

- Holzbefeuerung
- Gas- oder Ölbrenner
- elektrische Beheizung
- Dampfbeheizung

Die Brennblase sollte mit einem Rührwerk ausgestattet sein, welches eine gleichmäßige Erwärmung der Maische gewährleistet. Die Temperaturführung ist ein enorm wichtiger Faktor in der Herstellung hochwertiger Destillate. Wird die Maische ungleichmäßig erhitzt, ist eine Fraktionierung in Vor-, Mittel- und Nachlauf nicht gewährleistet. Der Mittellauf wird dadurch mit unerwünschten Aromen verunreinigt. Vor allem bei hochvis-

Brennblase einer 150 l Abfindungsbrennerei.

kosen Maischen sollte ein Rührwerk verwendet und gegebenenfalls Wasser in die Brennblase gegeben werden.

Verstärkerkolonne (inkl. Dephlegmator)
Im Wesentlichen besteht die Verstärkerkolonne aus zwei Bauteilen. Das sind zum einen die Destillier- bzw. Verstärkerböden und zum anderen der Dephlegmator. Die Destillierböden, entweder Sieb- oder Glockenböden, verstärken den Alkohol in der Dampfphase (Erhöhung der Grenzfläche/Oberfläche) – dampfförmiger Ethanol wird angereichert. Nun steigt der Alkohol-Wasser-Dampf auf, passiert die Destillierböden und gelangt zum Dephlegmator. Der Dephlegmator ist eine Art Kühler, welcher schwerer siedende Komponenten kondensiert (beispielsweise Wasser, höhere Alkohole usw.). Dieses Kondensat ungewollter Inhaltsstoffe fließt über die Destillierböden zurück in die Brennblase. Nun enthält der Alkoholdampf weniger Wasseranteile und andere unerwünschte Aromakomponenten (Nachlaufkomponenten), sodass der Alkoholgehalt anteilig ansteigt. Der Dampf, der nicht kondensiert, überwindet den Dephlegmator und gelangt über das Geistrohr in den Kühler, wo der „gereinigte" Dampf kondensiert bzw. verflüssigt wird. Ohne den Dephlegmator gäbe es keinen Rückfluss (keine Gegenstromdestillation). Die Verstärkerkolonne hatte keine Wirkung. Verstärkerböden funktionieren nur durch den Dephlegmator.

Je mehr Destillierböden eingeschaltet werden, umso größer ist die Trenn- bzw. Reinigungsleistung und Verstärkung des Alkohols. Durch den Kühlwasserdurchfluss am Dephlegmator können Rückfluss und Trennleistung variiert werden.

Der Brenner muss entscheiden, wie viele Böden eingesetzt werden und welcher Durchfluss des Dephlegmators gewählt wird, um so die Trennleistung des Destillationsprozesses der Rohware anzupassen. Je nach verwendeter Rohware und Qualität der Rohware muss der

Nebenstehende Verstärkerkolonne mit drei Destillierböden und Dephlegmator.

Grad der Verstärkung sowie der Rückfluss situationsbedingt eingestellt werden. Je nach Konstruktion und Bauart der Brennerei müssen Erfahrungswerte mit der jeweiligen Brennerei gewonnen werden, um Feinjustierungen am vorhandenen Destillierapparat vorzunehmen.

Katalysator

Der Katalysator dient zur Erhöhung der Kupferoberfläche innerhalb des Brenngeräts und wird in der Regel

Katalysator zum Erhöhen der Kupferoberfläche innerhalb des Destilliergeräts.

zwischen Dephlegmator und Kühler bzw. Geistrohr eingebaut.

Der Werkstoff Kupfer ist nicht nur schön anzusehen und hat eine gute Wärmeleitfähigkeit. Kupfer hat auch katalytische Eigenschaften, was sich positiv auf die Sensorik des Destillats auswirkt: Kupfer ist in der Lage Cyanide (Blausäure) zu binden, welche sonst ins Destillat gelangen könnten, um dort zum gesundheitsschädlichen Ethylcarbamat zu reagieren.

Kupfer bindet aber auch Schwefelverbindungen, die minimal in jeder Gärung frei werden, vermehrt aber bei Stickstoffmangel. Auch andere ungewollte Inhaltsstoffe werden durch Kupfer gebunden.

Wichtig: Nur reaktives Kupfer ist in der Lage ungewollte Inhaltsstoffe zu katalysieren, deshalb ist eine regelmäßige Reinigung des Brenngeräts inkl. anschließender Behandlung mit Zitronensäure wichtig, um die katalytische Wirkung des Kupfers zu erhalten.

Kühler

Destillatkühler dienen ausschließlich dazu, den Alkoholdampf zu verflüssigen. Heutige Ausführungen sind in der Regel Röhrenkühler aus Edelstahl. Es ist wichtig, dass Edelstahl verwendet wird, da ein Kühler aus Kupfer Kupfersalze enthalten kann, welche im Destillationsprozess ins Destillat gelangen können und so das Destillat verfärben, außerdem sind Kupfersalze gesundheitsschädlich.

Vorlage

Der Alkohol-Auffangbehälter bei der Destillation wird Vorlage genannt. Das Destillat, welches aus der Vorlage austritt, sollte nicht mehr als 20 °C aufweisen, da ansonsten leicht flüchtige Aromakomponenten wegen ihres geringen Siedepunktes verloren gehen könnten.

Reinigung

Um qualitativ hochwertige Destillate mit gleichbleibender Qualität zu produzieren, ist die Reinigung des Destillierapparats notwendig. Im Laufe der Zeit setzen sich in der Brennblase Beläge, Krusten und Schleimstoffe ab, was Fehlaromen im Destillat verursachen kann. Auch der Wärmeübergang ist durch die Ablagerungen beeinträchtig, wodurch es bei starken Verunreinigungen zu einer

Röhrenkühler zum Kondensieren des Alkoholdampfs.

ungleichmäßigen Erwärmung der Maische und dadurch zu ungleichmäßiger Trennung der Fraktionen kommen kann. Ein unsauberes Destillat ist die Folge.

Nicht nur die Brennblase, sondern auch die Verstärkerkolonne verschmutzt mit jedem Brand zusehends. Die Kupferoberfläche oxidiert und verfärbt sich dunkel. Mit der Zeit legen sich Fuselöle, ätherische Öle, Fettsäuren, oxidierte Fette und weitere unerwünschte Inhaltsstoffe (unter anderem Nachlaufreste) über die Destillierböden und die Verstärkerkolonne, was zur Verschleppung unerwünschter Aromen und zu ranzigen (oxidiertes Fett) Destillaten führen kann. Das Spülen der Verstärkerkolonne mit warmem Wasser ist nach jedem Brand erforderlich. Je mehr Nachlauf gewonnen wird, umso stärker ist die Verschmutzung.

Je nach Bedarf und sichtbarer Verschmutzung sollte ein Reinigungsbrand mit Brennblasenreiniger auf Natronlauge-Basis mit Tensiden und Emulgatoren durchgeführt werden, sodass Öle und Verschmutzungen gelöst werden. Nach der Behandlung mit Lauge oxidiert die Kupferfläche, sodass eine Behandlung mit einer Zitronensäurelösung unverzichtbar ist: Nur eine blanke, reaktive Kupferoberfläche hat eine katalytische Wirkung und kann Cyanide (Blausäure) und unerwünschte Schwefelverbindungen binden. Ein sauberes Brenngerät hat somit ein sauberes und qualitativ hochwertigeres Destillat zur Folge.

Vorlage aus Edelstahl.

Abfindungs- und Verschlussbrennerei

Prinzipiell unterscheidet man bei Brennereien zwischen Abfindungsbrennereien und Verschlussbrennereien. Der grundlegende Unterschied besteht darin, dass bei der Abfindungsbrennerei der zu brennende Rohstoff (z. B. 100 l Birnenmaische) vorab angemeldet wird. Diese Anmeldung muss beim zuständigen Hauptzollamt (Abfindungsbrand-Anmeldungen beim HZA Stuttgart; Feinbrand und Reinigungsbrandanmeldungen beim zuständigen HZA) erfolgen, welches den Brenntermin genehmigt oder verweigert. Die Festsetzung der Branntweinsteuer/Alkoholsteuer erfolgt über sogenannte Ausbeutesätze, welche je nach Rohstoff variieren. Der Ausbeutesatz von 100 l Birnenmaische beträgt 3,6 l r.A. (Liter reiner Alkohol). Folglich müssen für die angemeldete Birnenmaische von 100 l die Branntweinsteuer/ Alkoholsteuer von 3,6 × 10,22 € = 36,79 € an das Hauptzollamt entrichtet werden.

Der Steuersatz pro l r.A. beträgt bei Abfindungsbrennern 10,22 € /l r.A. erzeugtem Alkohol und bei Verschlussbrennern 13,03 €/l r.A.

Abfindungsbrennerei

Der Abfindungsbrenner verfügt über ein jährliches Brennkontingent von 300 l r.A., das heißt: Brennt der Abfindungsbrenner 1000 l Birnenmaische bei einem Ausbeutesatz von 3,6 l r.A./100 l Birnenmaische, verbleiben ihm noch 264 l r.A. Brennkontingent des laufenden Jahres. Feinbrände wie beispielsweise Geiste, welche mit bereits versteuertem Alkohol 13,03 € /l r.A. angesetzt wurden (Ethylalkohol landwirtschaftlichen Ursprungs), darunter auch Gin, werden nicht vom Brennkontingent von 300 l r.A. abgezogen, da es sich um bereits versteuerten Alkohol handelt. Ein Feinbrand muss beim Hauptzollamt angemeldet und genehmigt werden. Generell gilt: Jedes

Abfindungsbrenngerät mit 150 l Brennblasenvolumen und drei Destillierböden.

Erwärmen der Brennblase, auch ein Reinigungsbrand oder Digeratansatz in der Brennblase, muss dem zuständigen Hauptzollamt angezeigt bzw. mitgeteilt werden.

Verschlussbrennerei

Verschlussbrennereien sind in ihrer Produktionsmenge nicht beschränkt, jedoch wird die Menge an erzeugtem Alkohol genaustens erfasst und mit dem regulären Steuersatz von 13,03 €/l r.A. besteuert.

Verschlussbrennanlagen müssen verschlusssicher eingerichtet sein und vom Zoll verplombt werden. Der Brenner hat so keine Möglichkeit, in den Destillatfluss einzugreifen, bevor das Destillat in das Hauptsammelgefäß oder über die Alkoholuhr geflossen ist.

Sammelgefäße stehen unter Verschluss und können nur unter amtlicher Aufsicht des Zolls entleert werden. Die Menge an hergestelltem Alkohol im Sammelgefäß wird vom Zollbeamten ermittelt und protokolliert und dient als Grundlage für die spätere Besteuerung.

Alternativ gibt es für Verschlussbrenner die Möglichkeit, die produzierte Menge an Alkohol mittels Alkoholuhr festzustellen. Das Destillat läuft über die Alkoholuhr und wird erfasst, ähnlich wie bei einer Wasseruhr. Das Verwenden einer Alkoholuhr hat den Vorteil, dass der Brenner nicht auf einen Zollbeamten angewiesen ist. Auch ist das Wechseln des zu brennenden Rohstoffs deutlich einfacher, da der Brenner nicht auf ein freies Sammelgefäß angewiesen ist, in welches er den Mittellauf leiten kann.

Jede Brennanlage ist eine an die Bedürfnisse des Brenners und die räumlichen Gegebenheiten individuell angepasste Sonderanfertigung. Grundlegend unterscheidet man Verschlussbrennereien in Bezug auf die Art der Erfassung des produzierten Alkohols: mit Hilfe des Hauptsammelgefäßes oder der Alkoholuhr.

Hauptsammelgefäß

Das Destillat wird in geeichte Gefäße geleitet, je nach Bedarf varriiert die Anzahl an Hauptsammelgefäßen. Die Fraktionierung erfolgt über einen Probennehmer nach dem Destillatkühler, welcher eine definierte Menge Destillat absondert; die Probenmenge sowie die Anzahl an gezogenen Proben wird ebenfalls vom Zoll erfasst. Durch den Probennehmer kann der Brenner sensorisch beurteilen, um welche Fraktion es sich handelt, um dementsprechend das Destillat in das Sammelgefäß für Vor-, und Nachlauf oder in eines der Gefäße für den Mittellauf zu leiten. Das Entleeren der Sammelgefäße ist nur unter Zollaufsicht möglich, da der Verschlussraum vom Zoll versiegelt wird und nur von einem Zollbeamten geöffnet werden darf. Der Zollbeamte ermittelt die Alkoholmenge in den Sammelgefäßen und erfasst diese im Lagerbuch.

Alkoholuhr

Für Brenner, welche in ihrem Produktionsablauf mehr Flexibilität haben wollen und nicht von einer Alkoholabnahme vom Hauptzollamt abhängig sein wollen, ist es sinnvoll, eine Alkoholuhr als Erfassungssystem der produzierten Alkoholmenge zu wählen.

Alkoholuhr der Firma Arnold Holstein GmbH aus Markdorf.

Spirituosen

Auf den folgenden Seiten werden die bekanntesten Produkte, die aus stärkehaltigen Rohstoffen hergestellt werden, kurz erläutert. Der derzeit bekannteste Vertreter der Spirituosen aus stärkehaltigen Rohstoffen ist wohl der Whisky, gefolgt vom Korn. Eine kurze Definition soll Ihnen einen kleinen Einblick in die Unterschiede und die Vielfalt dieser Produkte geben.

Neutralalkohol

Neutralalkohol ist Ethylalkohol landwirtschaftlichen Ursprungs, mit einem Alkoholgehalt von mindestens 96 % vol und einem Höchstgehalt an Methanol von 30 g/hl r.A. (siehe EG VO 110/2008 Anhang 1). Der Ausgangsstoff ist in den meisten Fällen überhaupt nicht bis kaum sensorisch zu erkennen. Neutralalkohol wird als Basis für Liköre, Spirituosen und Geiste benötigt.

Neutralalkohol kann auf einer herkömmlichen Brennerei nicht hergestellt werden. Nur wenige Brennereien verfügen über eine Rektifikationskolonne mit über 45 Destillierböden, um den Alkoholgehalt von 96 % vol zu erreichen, oder sind gar in der Lage, einen Methanolgehalt von 30 g/hl r.A. zu unterschreiten. In der Regel muss der Brenner bzw. Destillateur den Neutralalkohol zukaufen, sofern er nicht über die technische Einrichtung verfügt.

Wodka

Wodka ist eine Spirituose aus Ethylalkohol landwirtschaftlichen Ursprungs aus Kartoffeln und/oder Getreide sowie anderen landwirtschaftlichen Rohstoffen. Er muss so destilliert bzw. rektifiziert werden, dass die Aromakomponenten des Ausgangsstoffes sowie die Nebenprodukte, die während der Gärung entstehen, selektiv abgeschwächt werden.

Die Europäische Spirituosenverordnung 110/2008 des Europäischen Parlaments und des Rates definiert Wodka wie folgt:

„15. **Wodka**

a) Wodka ist eine Spirituose aus Ethylalkohol landwirtschaftlichen Ursprungs, der durch Gärung mit Hefe gewonnen wird aus

i) Kartoffeln und/oder Getreide oder

ii) anderen landwirtschaftlichen Rohstoffen und

so destilliert und/oder rektifiziert wird, dass die sensorischen Eigenschaften der verwendeten Ausgangsstoffe und die bei der Gärung entstandenen Nebenerzeugnisse selektiv abgeschwächt werden.

Danach kann eine erneute Destillation und/oder eine Behandlung mit geeigneten Hilfsstoffen einschließlich der Behandlung mit Aktivkohle vorgenommen werden, um ihr die besonderen sensorischen Eigenschaften zu verleihen; die Höchstwerte an Nebenbestandteilen für Ethylalkohol landwirtschaftlichen Ursprungs entsprechen denen des Anhangs I, wobei der Methanolgehalt höchstens 10 g/hl r.A. betragen darf.

b) Der Mindestalkoholgehalt von Wodka beträgt 37,5 % vol.

c) Zur Aromatisierung dürfen nur natürliche, in dem Destillat aus den vergorenen Ausgangsstoffen vorhandene Aromastoffe verwendet werden. Außerdem können dem

Erzeugnis besondere, vom vorherrschenden Geschmack abweichende sensorische Eigenschaften verliehen werden.
d) Die Bezeichnung, Aufmachung und Etikettierung von Wodka, der nicht ausschließlich aus den in Buchstabe a Ziffer i genannten Ausgangsstoffen hergestellt wurde, ist zu kennzeichnen mit der Angabe „hergestellt aus …“, die durch die Bezeichnung(en) des/der zur Herstellung des Ethylalkohols landwirtschaftlichen Ursprungs verwendeten Ausgangsstoffs/Ausgangsstoffe ergänzt wird. Die Etikettierung erfolgt gemäß Artikel 13 Absatz 2 der Richtlinie 2000/13/EG.“

Wodka ist eine meist sehr neutral schmeckende Spirituose mit einem Mindestalkoholgehalt von 37,5 % vol. In letzter Zeit zeigt sich der Trend, dass einige wenige Wodka-Produzenten versuchen, den Ausgangsrohstoff sensorisch zu bewahren, dies gestaltet sich verfahrenstechnisch aufgrund des geringen Methanolgrenzwerts von 10 g/hl r.A. meist schwierig. Dennoch ist dies mit besonderer technischer Ausstattung und Know-how bezüglich Destillier- und Rektifikationstechnik möglich.

Whisky

Whisky ist eine Spirituose, die aus einer Getreidemaische unter Verwendung von Malz vergoren und destilliert wird und anschließend in Holzfässern reift. Er wird in vielen Ländern konsumiert und produziert, und je nach Produktionsland gelten andere rechtliche Regelungen, die berücksichtigt werden müssen.

In den USA dürfen Whiskys verkauft und produziert werden, welche, wenn diese so in Deutschland produziert werden würden, in Deutschland nicht als Whisky verkehrsfähig wären. Beispielsweise muss in Europa ein Whisky mindestens 3 Jahre im Holzfass lagern, um als Whisky in Verkehr gebracht werden zu können. Bestimmte Whiskys aus den USA müssen nur 2 Jahre im Holzfass reifen, um in den USA als Whisky verkauft werden zu können. Lagert ein Brenner in Deutschland sein Whiskydestillat nur 2 Jahre im Holzfass, so darf dieser das Produkt in Deutschland nicht als Whisky verkaufen.

Die bekanntesten Whisky-Typen sind schottischer Whisky, irischer Whiskey, amerikanischer Whiskey und europäischer Whisky (z. B. deutscher Whisky). Der schottische Whisky gehört natürlich auch zu den europäischen Whiskys, muss aber aufgrund seiner Alleinstellung als Scotch und seiner Bekanntheit separat betrachtet werden.

Scotch Whisky

Scotch Whisky kann in 5 Kategorien eingeteilt werden:

Single Malt Scotch Whisky: Ein schottischer Whisky, der in einer einzigen Destillerie (a) aus Wasser und gemälzter Gerste ohne Zusatz von anderen Getreidearten und (b) durch diskontinuierliche Destillation in Pot Stills destilliert wird.

Single Grain Scotch Whisky: Ein Scotch Whisky, der in einer einzigen Brennerei (a) aus Wasser und gemälzter Gerste mit oder ohne das volle Korn von anderen Malzarten oder ungemälzten Getreidearten destilliert wird, und (b) der nicht der Definition von Single Malt Scotch Whisky entspricht.

Blended Scotch Whisky: Eine Mischung aus einem oder mehreren Single Malt Scotch Whiskys mit einem oder mehreren Single Grain Scotch Whiskys.

Blended Malt Scotch Whisky: Eine Mischung aus Single Malt Scotch Whiskys, die in mehr als einer Destillerie destilliert wurden.

Blended Grain Scotch Whisky: Eine Mischung aus Single Grain Scotch Whiskys, die in mehr als einer Destillerie destilliert wurden.

Schottland lässt sich in verschiedene „Whisky-Regionen" einteilen. Die Whiskys aus einer bestimmten Region haben meist einen für ihre Region typischen Geschmack. Islay Whiskys zeichnen sich in der Regel durch sehr rauchige Noten aus, wohingegen andere Regionen wie z. B. Lowlands eher Whiskys ohne oder nur mit geringem Anteil Rauch produzieren.
Schottische Whisky-Regionen sind:

- Highlands
- Speyside
- Lowlands
- Islay
- Campletown
- Inseln

Irischer Whiskey

Irischer Whiskey zählt ebenfalls zu den sehr bekannten Whiskys. Er wird in verschiedene Kategorien eingeteilt:

- **Malt Whiskey:** Ein Whisky ausschließlich aus Gerstenmalz.
- **Blended Whiskey:** Ein Blend (Verschnitt) verschiedener Whiskys.
- **Grain Whiskey:** Ein Whisky aus Gerstenmalz und ungemälztem Getreide wie Mais, Weizen sowie Gerste.
- **Single Pot Still Whiskey:** Ein Whisky aus ungemälzter und gemälzter Gerste, ausschließlich auf Pot Stills gebrannt.

Amerikanischer Whiskey

Als amerikanischer Whisky werden all diejenigen Whiskys bezeichnet, die aus den Vereinigten Staaten von Amerika stammen. Amerikanischer Whiskey wird in der Regel aus Mais, Roggen, Gerste und (eher seltener) Weizen hergestellt.

American Straight Whiskey: Ein Whiskey, der mindestens 2 Jahre in einem frischen Eichenfass gelagert werden muss. Bei den American Straight Whiskeys unterscheidet man je nach verwendetem Rohstoff:

- **Rye Whiskey:** Aus mindestens 51 % Roggen hergestellt und zu weniger als 80 % vol gebrannt.
- **Bourbon Whiskey:** Aus mindestens 51 % Mais hergestellt und zu weniger als 80 % vol gebrannt.
- **Tennessee Whiskey:** Ein Bourbon Whiskey, der im US-Bundestaat Tennessee hergestellt und vor der Holzfasslagerung über Holzkohle gefiltert wird.
- **Corn Whiskey:** Ein Whisky, der aus mindestens 79 % Mais hergestellt wird und keine Holzfasslagerung benötigt.

American Blended Whiskey: Verschnitt aus Mais- und Roggenwhiskeys mit dem Zusatz von Getreidesprit; eher geringe Verbreitung als andere Vertreter amerikanischer Whiskeys.

Europäischer bzw. deutscher Whisky

Die Europäische Spirituosenverordnung 110/2008 des Europäischen Parlaments und des Rates definiert Whisky wie folgt:

„2. **Whisky oder Whiskey**

a) *Whisky* oder *Whiskey* ist eine Spirituose, die ausschließlich wie folgt gewonnen wird:

i) durch Destillation einer Maische aus gemälztem Getreide mit oder ohne das volle Korn anderer Getreidearten,

– die durch die in ihr enthaltenen Malzamylasen mit oder ohne andere natürliche Enzyme verzuckert wird,

– die mit Hefe vergoren wird,

ii) durch eine oder mehrere Destillationen zu weniger als 94,8 % vol, so dass das Destillat das Aroma und den Geschmack der Ausgangsstoffe aufweist,

iii) durch eine mindestens dreijährige Reifung des endgültigen Destillats in Holzfässern mit einem Fassungsvermögen von höchstens 700 Litern.
Das endgültige Destillat, dem nur Wasser und einfache Zuckerkulör (zur Färbung) zugesetzt werden dürfen, bewahrt die Farbe, das Aroma und den Geschmack, die beim Herstellungsverfahren gemäß den Ziffern i, ii und iii entstanden sind.
b) Der Mindestalkoholgehalt von *Whisky* oder *Whiskey* beträgt 40 % vol.
c) Der Zusatz von Alkohol, ob verdünnt oder unverdünnt, gemäß der Begriffsbestimmung in Anhang I Nummer 5 ist nicht zulässig.
d) *Whisky* oder *Whiskey* darf weder gesüßt noch aromatisiert werden oder andere Zusätze als zur Färbung verwendete einfache Zuckerkulör enthalten."

Ein in Deutschland produzierter (destillierter) Whisky kann nicht als Scotch deklariert werden. Scotch muss in Schottland hergestellt werden.

Deutscher Whisky auf dem Vormarsch

Immer mehr deutsche Brenner produzieren Whisky. Dieser erfreut sich großer Beliebtheit, und der Whiskygenießer findet nicht nur unter den schottischen Herstellern gute Produkte. Auch die deutschen Brenner produzieren derzeit in größeren Mengen Whisky und ihre Produkte können, was die Qualität anbelangt, mit den schottischen Whiskys mithalten.

Was unterscheidet nun einen deutschen Whisky von seinem schottischen Kollegen? **Schottische Whiskys** werden in der Regel in Pot-Stills-Brennereien im Roh- und Feinbrand-Verfahren hergestellt. Die Rohbrand- und die Feinbrand-Blase werden in Schottland nur anders benannt. Zuerst wird die Maische in der Wash Still (der

Rohbrandblase) destilliert. Der entstandene Rohbrand wird von den Schotten Low Wines genannt. Dieser Rohbrand wird in der Spirit Still (Feinbrandanlage), ebenfalls eine Pot-Still-Brennerei, erneut destilliert, was den Feinbrand liefert. Das zweifach gebrannt Destillat im Roh- und Feinbrand-Verfahren wird anschließend in Holzfässer gefüllt und im Warehouse eingelagert.

Deutsche Whiskys werden in der Regel mit Destilliergeräten, welche über eine Verstärkerkolonne verfügen, gebrannt. Das hat den Vorteil, dass ein sauberes Grunddestillat hergestellt werden kann. Vergleicht man ein Destillat, welches im Roh- und Feinbrand-Verfahren destilliert wurde, mit einem, welches über Destillierböden in einer Verstärkerkolonne gebrannt wurde, so sind Destillate aus einer Brennerei mit Verstärkerkolonne nicht so stark mit Fuselalkoholen verunreinigt. Auch die Gesamtalkoholausbeute ist höher als bei Bränden aus Roh- und Feinbrandblasen.

Legt man nun ein sauberer gebranntes Destillat in ein Fass, ist eine nicht so lange Reifezeit vonnöten als bei Bränden nach dem Roh-Feinbrand-Verfahren. Der Brenner kann also mit einer kürzeren Reifezeit gleichwertige Produkte herstellen, die nach dem alten Verfahren eine Reifezeit von 10 Jahren gebraucht hätten. Je weniger Fuselalkohole und Nebenprodukte im Destillat enthalten sind, umso weniger Lagerzeit benötigt der Whisky für die Veresterung und Reifung.

Wer traditionell bedingt nicht auf das zweifache Destillieren mit Wash Still (Rohbrand) und Spirit Still (Feinbrand) verzichten möchte, kann durch gute Rohware, saubere Gärung und eine qualitätsbewusste Fraktionierung ebenfalls die benötigte Reifezeit reduzieren. Generell gilt: Je besser die Qualität des Whiskydestillats, umso kürzer wird die benötigte Reifezeit im Fass. Ein gutes Destillat gewinnt durch die Fasslagerung und benötigt diese nicht, um einem Produkt die Genussreife zu verleihen.

Deutsche Whiskys können es geschmacklich bereits nach einer Reifezeit von 5–6 Jahren mit ihren doppelt so lange gelagerten schottischen Kollegen aufnehmen.

Bierbrände

Für einen Bierbrand, auch „Eau de vie de bière" genannt, wird frisches Bier destilliert. Je nach verwendetem Malz und Malzschüttung im Bier ergeben sich im Bierbrand unterschiedliche Aromakomponenten. Im Gegensatz zu Whisky findet die Herstellung von Bierbrand unter Verwendung von Hopfen statt.

Definition

Bierbrände sind in der Europäischen Spirituosenverordnung 110/2008 des Europäischen Parlaments und des Rates wie folgt definiert:

„**Bierbrand** oder Eau de vie de bière
a) *Bierbrand* oder *Eau de vie de bière* ist eine Spirituose, die ausschließlich durch direkte Destillation von frischem Bier bei Normaldruck gewonnen wird, das zu weniger als 86 % so destilliert wird, dass das Destillat die sensorischen Eigenschaften des Biers aufweist.
b) Der Mindestalkoholgehalt von *Bierbrand* oder *Eau de vie de bière* beträgt 38 % vol.
c) Der Zusatz von Alkohol, ob verdünnt oder unverdünnt, gemäß der Begriffsbestimmung in Anhang I Nummer 5 ist nicht zulässig.
d) *Bierbrand* oder *Eau de vie de bière* darf nicht aromatisiert werden.
e) *Bierbrand* oder *Eau de vie de bière* darf nur zugesetzte Zuckerkulör zur Anpassung der Farbe enthalten."

Bier.

Bierbrand als Alternative zum Whisky

Vergleicht man den Herstellungsprozess von Bier und Whisky, dann kann man sagen, dass die beiden Verfahren sich sehr ähneln. Die meisten klassischen Biere werden jedoch im Infusionsverfahren gebraut, bei dem die Temperaturen während des Brauprozesses steigen. Es folgt, je nach Malzqualität, eine Proteinrast, dann die β-Amylaserast für die Bildung vergärbarer Zucker wie Maltose und Glucose. Nach einem erneuten Temperaturanstieg folgt die α-Amylaserast. Die α-Amylaserast spaltet die noch übrig gebliebenen Stärkereste der β-Amylaserast in kleinere Zucker wie etwa Dextrine, die für das Mundgefühl bzw. die Vollmundigkeit des Bieres von Bedeutung sind.

Beim Brennen z. B. von Whisky wird die Maische anders bereitet. Hier möchte man, wenn möglich, alle höheren Zucker in vergärbare Zucker spalten, um eine optimale Ausbeute zu erreichen. Es erfolgt erst die α- und dann die β-Amylaserast bzw. bei Verwendung von technischen Enzymen die Glucoamylaserast.

Ein weiterer großer Unterschied ist die Hopfengabe beim Bier während der Würzekochung. Das unterscheidet grundlegend eine Whisky- bzw. Korn-Maische von einem Bier. Wird ein Bier gebrannt (mit Hopfen), handelt es sich bei dem Destillat um einen Bierbrand, da es sich durch die Hopfenzugabe um ein Bier handelt. Wird eine Whiskymaische hergestellt, in der kein Hopfen enthalten ist, handelt es sich bei dem Destillat um einen New Make (ungelagerten Whisky).

Sollte ein Bierbrand 3 Jahre im Holzfass gelagert werden, handelt es sich jedoch nicht um einen Whisky, sondern um einen 3 Jahre im Holzfass gelagerten Bierbrand.

Nichtsdestotrotz sind Bierbrände eine interessante Alternative zum Whisky. Bierbrände sind nicht unbedingt auf eine Holzfasslagerung angewiesen. Auch ohne Holzfassausbau gibt es je nach verwendetem Bier ausgefallene Produkte. Von Vorteil ist es, Biere mit hohem Stammwürzegehalt und geringer Menge an Hopfen, also wenig Bittereinheiten, zu brennen. Leichte Schankbiere erzeugen eher uncharakteristische Destillate.

Biere mit Bittereinheiten oberhalb von 40 sollten mit Bedacht gebrannt werden, da der Hopfen schnell das Destillat dominiert. Das Brennen von IPAs (Indian Pale Ales), also stark gehopften Bieren, erzeugt sehr hopfenbetonte, fast schon „überhopfte“ Bierbrände.

Der Fantasie sind aber keine Grenzen gesetzt: Ob nun ein Weizenbock mit feinen Bananennoten, ein Schwarzbier mit Röstaromen oder ein Rauchbier mit angenehmen rauchigen Noten – hier gibt es viele Möglichkeiten zum Experimentieren.

Beim Brennen von Bier sollte der Abfindungsbrenner aber beachten, dass der Stammwürzegehalt des Bieres ausschlaggebend für die Besteuerung bzw. den Ausbeutesatz ist. Es wird bei Bierbränden in der Abfindungsbrennerei zwischen zwei Ausbeutesätzen unterschieden:

Ausbeutesätze von Bier	
Bier bis einschließlich 13 °Plato	Ausbeutesatz 4 l r.A.
Bier über 13 °Plato	Ausbeutesatz 5 l r.A.
l r.A. = Liter reiner Alkohol	

Auch für die Lagerung im Holzfass sind Bierbrände hervorragend geeignet, vor allem Bierbrände im Eichen- oder Kastanienfass ergeben exquisite holzfassgereifte Brände.

Holzfass, das mit Pedro Ximenez vorbelegt war.

Getreidebrände

Ein Getreidebrand gehört zu den Getreidespirituosen und muss aus einer vergorenen Getreidemaische aus dem vollen Korn zu weniger als 95 % vol destilliert werden.

In der Europäischen Spirituosenverordnung 110/2008 des Europäischen Parlaments und des Rates werden Getreidespirituosen und Getreidebrand wie folgt definiert:

„3. **Getreidespirituose**
a) Getreidespirituose ist eine Spirituose, die ausschließlich durch Destillation einer vergorenen Maische aus dem vollen Korn von Getreide gewonnen wird und die sensorischen Eigenschaften der Ausgangsstoffe aufweist.
b) Mit Ausnahme von „*Korn*" beträgt der Mindestalkoholgehalt von Getreidespirituosen 35 % vol.
c) Der Zusatz von Alkohol, ob verdünnt oder unverdünnt, gemäß der Begriffsbestimmung in Anhang I Nummer 5 ist nicht zulässig.
d) Getreidespirituose darf nicht aromatisiert werden.
e) Getreidespirituose darf nur zugesetzte Zuckerkulör zur Anpassung der Farbe enthalten.
f) Um die Verkehrsbezeichnung „Getreidebrand" führen zu können, muss die Getreidespirituose durch Destillation zu weniger als 95 % vol aus vergorener Maische aus dem vollen Korn von Getreide gewonnen werden und die sensorischen Eigenschaften der Ausgangsstoffe aufweisen."

Korn

Ebenfalls eine Getreidespirituose, jedoch von größerer Bekanntheit ist der Korn. Er wird aus einer vergorenen Maische aus dem vollen Korn von Weizen, Gerste, Hafer, Roggen oder Buchweizen destilliert. Der Mindestalkohol von Korn beträgt 32 % vol, derjenige von Kornbrand 37,5 % vol.

Die Definition der Getreidespirituose in der Europäischen Spirituosenverordnung 110/2008 des Europäischen Parlaments und des Rates (siehe Getreidebrände) wird bei Korn durch die AGeV (Alkoholische Getränkeverordnung) § 9a Korn oder Kornbrand wie folgt erweitert:

„§ 9a **Korn oder Kornbrand**
(1) Eine Spirituose im Sinne des Anhangs II Nr. 3 der Verordnung (EG) Nr. 110/2008 darf unter der in Anhang III Nr. 3 der Verordnung (EG) Nr. 110/2008 aufgeführten Verkehrsbezeichnung „Korn oder Kornbrand“ gewerbsmäßig nur in den Verkehr gebracht werden, wenn
1. die Herstellung, einschließlich die des Destillates, und die Herabsetzung auf Trinkstärke mit Wasser im Inland, in Österreich oder in der Deutschsprachigen Gemeinschaft Belgiens erfolgt sind,
2. das Destillat
a) ausschließlich durch Destillieren von vergorener Maische aus dem vollen Korn von Weizen, Gerste, Hafer, Roggen oder Buchweizen mit allen seinen Bestandteilen oder
b) durch erneutes Destillieren eines nach Buchstabe a hergestellten Destillates hergestellt worden ist,
3. dem Erzeugnis keine Lebensmittel-Zusatzstoffe zugesetzt worden sind und
4. der Alkoholgehalt der fertigen Spirituose
a) im Falle von „Korn“ mindestens 32 Volumenprozent,
b) im Falle von „Kornbrand“ mindestens 37,5 Volumenprozent
beträgt.
Satz 1 Nr. 2 bis 4 gilt nicht für eine in Österreich oder in der Deutschsprachigen Gemeinschaft Belgiens hergestellte und dort abgefüllte Spirituose im Sinne des Anhangs II Nr. 3 der Verordnung (EG) Nr. 110/2008.

(2) Eine Spirituose im Sinne des Anhangs II Nr. 3 der Verordnung (EG) Nr. 110/2008
darf unter der im Anhang III Nr. 3 der Verordnung (EG) Nr. 110/2008 aufgeführten Verkehrsbezeichnung „Münsterländer Korn“, „Münsterländer Kornbrand“, „Sendenhorster Korn“, „Sendenhorster Kornbrand“, „Bergischer Korn“, „Bergischer Kornbrand“, „Emsländer Korn“, „Emsländer Kornbrand“, „Haselünner Korn“, „Haselünner Kornbrand“, „Hasetaler Korn“ oder „Hasetaler Kornbrand“ gewerbsmäßig nur in den Verkehr gebracht werden, wenn
1. das Destillat
a) ausschließlich durch Destillieren von vergorener Maische aus dem vollen Korn von Weizen, Gerste, Hafer, Roggen oder Buchweizen mit allen seinen Bestandteilen oder
b) durch erneutes Destillieren eines nach Buchstabe a hergestellten Destillates hergestellt worden ist,
2. dem Erzeugnis keine Lebensmittel-Zusatzstoffe zugesetzt worden sind und
3. der Alkoholgehalt der fertigen Spirituose
a) im Falle von „Münsterländer Korn“, „Sendenhorster Korn“, „Bergischem Korn“,
„Emsländer Korn“, „Haselünner Korn“ oder „Hasetaler Korn“ mindestens 32 Volumenprozent,
b) im Falle von „Münsterländer Kornbrand“, „Sendenhorster Kornbrand“, „Bergischem Kornbrand“, „Emsländer Kornbrand“, „Haselünner Kornbrand“ oder „Hasetaler Kornbrand“ mindestens 37,5 Volumenprozent beträgt und
4. die in Anlage 4 Spalte 3 jeweils festgelegten Voraussetzungen eingehalten sind.“

Destillatlagerung

Ein wichtiger Prozess in der Herstellung von hochwertigen Destillaten ist die Destillatreifung. Dafür müssen die Destillate in tauglichen Gefäßen und bei geeigneten Bedingungen für einige Zeit gelagert werden.

Lagerungsbedingungen

Die Lagerung von Destillaten sollte in Edelstahlgefäßen oder Glasballons erfolgen. Wichtig ist, dass der Luftraum so gering wie möglich bemessen wird und die Lagergefäße dicht verschlossen werden, um den Verlust von gewünschten Aromen sowie Oxidationsprozesse zu minimieren. Der Lagerort sollte möglichst gleichbleibende, kühlere Temperaturen aufweisen, ideal wäre ein dunkler, kühler Raum mit konstanter Temperatur.

Während der Reifung erfolgen komplexe chemische Veränderungen (wie z. B. Veresterungen) der Inhaltsstoffe des Destillats. Die Veresterung und Acetalisierung im Reifeprozess verleihen dem Brand ein abgerundetes, harmonisches Aroma. Hierzu tragen auch oxidative und nichtoxidative Reaktionen bei.

Glasballons sind in ihrer Anschaffung kostengünstiger, jedoch nicht lichtdicht und müssen sorgsam behandelt werden. Springt ein Glasballon, ist das Destillat verloren.

Edelstahlbehälter sind lichtdicht und gut zu reinigen, es gibt sie bereits von Kleinstfüllmengen bis zu großen Tanks. Glasballons hingegen enden in der Regel ab einem Fassungsvermögen von ca. 50 l. Langfristig ist die Anschaffung von Edelstahl-Getränkebehältern sinnvoll.

Holzfasslagerung

Bei der Holzfassreifung kommt es zu **Oxidations- und Extraktionsprozessen**, die maßgeblichen Einfluss auf den Geschmack der holzfassgelagerten Spirituosen/ Destillate ausüben. Aus der Holzdaube gelangen beispielsweise Phenole des Holzfasses in das Destillat. Auch der **Gasaustausch** durch das Holzfass mit der Umgebungsluft hat Einfluss auf den Reifeprozess des Destillats.

Der Gasaustausch zwischen Fass- und Umgebungsluft hat einen durchschnittlichen **Verlust** (Angels' share) von 3–4 % pro Jahr zur Folge. Dieser jährliche Verlust ist stark von Luftfeuchtigkeit und Temperatur des Fasslagers abhängig.

Lagerungsbedingungen mit konstanten **Temperaturen** von etwa 15 °C und 80 % **Luftfeuchtigkeit** ergaben ausgewogene Produkte mit nicht allzu hohem Produktverlust. Schwanken die Temperaturen während der Holzfasslagerung zu stark, reift das Destillat schneller, jedoch ist der Produktverlust größer. Schnell gereifte Destillate sind in der Nase nicht so langanhaltend wie ein langsam gereiftes Getreidedestillat bei konstanten Lagerbedingungen.

Ein wichtiger Parameter der Holzfassreifung ist auch der **Alkoholgehalt** des Destillats, welches in das Holzfass gefüllt wird. Bei zu hohem Alkoholgehalt werden tendenziell mehr Phenole und Holzaromen im Destillat gelöst. Ein Alkoholgehalt von 60–65 % vol hat sich bewährt und sorgt für eine gleichmäßige Reifung mit nicht allzu viel Produktverlust.

Bei Whisky und Weinbrand ist eine Holzfasslagerung gesetzlich vorgeschrieben. Das Fassmanagement von holzfassgelagerten Spirituosen wie Whisky, Weinbrand und Co. hat einen großen Einfluss auf den Geschmack und die Qualität des Produktes.

50 Liter Holzfässer.

Fassmanagement

Das Holzfassmanagement ist nicht nur bei der Herstellung von Whisky wichtig. Auch das Veredeln von Bier-, Obst-, Wein- und Hefebränden im Holzfass ist eine spannende und anspruchsvolle Kunst.

Betrachten wir die Herstellung von Whisky. Diese Spirituose muss mindestens 3 Jahre im Holzfass reifen. Die Variationsmöglichkeiten sind enorm, jedes Fass hat seine eigene „Seele“ und verleiht dem Whisky oder einer anderen Spirituose seinen individuellen Geschmack. Selbst wenn das identische Destillat in zwei neue Eichenfässer gelegt wird, reifen diese beiden Fässer für sich unterschiedlich. Selbstverständlich schmeckt der Whisky nach seinem Grunddestillat und nach Eichenfass, jedoch sind diese beiden Fässer nicht zu 100 % sensorisch identisch, sodass bei einer Unterschiedsprüfung eine Abweichung der beiden Proben festgestellt werden kann.

Allein in der Herstellung des Grunddestillats gibt es viele Variationsmöglichkeiten: nur aus Malz, aus Rohfrucht und Malz, eine Komposition verschiedener Getreidesorten bzw. Malzsorten, Variation mit Rauch- und Röstmalzen und so weiter. Nun kann noch die Holzfassgröße, die Holzart, das Toasting (light, medium, heavy) und die Vorbelegung des Fasses mit Sherry, Portwein, Süßwein, Rotwein und/oder anderen Destillaten Einfluss auf den Geschmack des Produkts nehmen. Es ist theoretisch möglich, Tausende verschiedener Whiskys mit den verschiedensten Geschmacknuancen zu kreieren.

Für den Einstieg in die Holzfasslagerung eignen sich vor allem medium getoastete Fässer. Wenn der Brenner bereits über ein gutes Sammelsurium der verschiedensten Fässer verfügt, kann über die Anschaffung eines heavy getoasteten Fasses nachgedacht werden.

Nicht nur in der Herstellung von Whisky gibt es eine Vielzahl von Möglichkeiten, auch bei Obst- und Bierbränden kann sich der Brenner entscheiden, mit welchem Fass er sein Destillat positiv unterstützen möchte. Für die Lagerung in Holzfässern eignen sich vor allem Bockbierbrände. Bierbrände in Kastanien- oder Eichenfässern ergeben meist sehr spannende Produkte.

Exkurs Obstbrände

Bei der Belegung eines Fasses mit einem Obstbrand eignen sich für Kernobst Akazien-, Maulbeer- oder Eichenfässer. Steinobstbrände in Eiche, Kirschbaum oder in vorbelegten Fässern mit Weinbrand oder Cognac ergeben sehr elegante holzfassgelagerte Brände. Wichtig ist, dass das Holzfass den Obstbrand und die Fruchtaromen unterstützt und nicht überdeckt. Bei einem holzfassgelagerten Obstbrand sollte die Frucht noch klar erkennbar sein, mit angenehmen Holznoten. Destillate wie Himbeergeist oder Williams-Birnen-Destillate mit sehr flüchtigen Fruchtaromen eigenen sich nur für eine kurze Lagerzeit im Holzfass.

Idealerweise sollten die Holzfässer nicht neu, sondern bereits einmal belegt worden sein: Je frischer das Holz, umso mehr Phenole und Holzaromen kann das hochprozentige Destillat aus der Holzdaube ziehen. Von Belegung zu Belegung wird die Extraktion der Holzinhaltsstoffe sowie der Aromen geringer, weshalb die Holzfasslagerdauer steigt. Ist ein Fass sehr oft belegt worden, sollte das Fass ausgetauscht werden, da kein zufriedenstellender Reifeeffekt mehr eintritt.

Eine regelmäßige sensorische Beurteilung ist sinnvoll, um die Entwicklung des Produktes besser einschätzen zu können. Destillate, die eher einseitig wirken, können mit einem Finish in einem anderen Fass mit etwaiger Vorbelegung zu sehr komplexen Destillaten veredelt werden.

Im Fassmanagement ist man sehr frei in der geschmacklichen Ausrichtung des Produkts. Ein Finish in anderen Fässern, die mit anderen Produkten vorbelegt waren, verleihen dem Destillat eine Vielzahl unterschiedlichster Aromen.

Die bekanntesten Fässer der verschiedenen Produktgruppen sind:

Whisky

- Ex-Bourbon-Fass
- Europäische Eiche (intensivere Eichen-Holznoten)
- Amerikanische Weißeiche (leichtere Eichen-Holznoten)
- Ex-Sherry-Fass
- Ex-Portwein-Fass
- Süßweinfässer
- Rotweinfässer
- Neue Eichenfässer (Achtung: sehr intensive Eichen-Holznoten)

- Ex-Rum-Fass (sehr speziell, für experimentierfreudige Kundengruppen geeignet, Symbiose zweier Spirituosengattungen)

Bierbrand

- Kastanienfass
- Amerikanische Weißeiche
- Ex-Bourbon-Fass
- Europäische Eiche

Korn

- Europäische Eiche, vor allem Limousin-Eiche
- Amerikanische Weißeiche
- Ex-Bourbon-Fass
- Kastanienfass

Holzfasslager der Brennerei Simon in Alzenau.

Heruntersetzen von Destillaten

Die hochprozentigen, gelagerten Destillate müssen mittels Wasser auf Trinkstärke herabgesetzt und eingestellt werden. Ein Destillat mit 85 % vol wäre zu hochprozentig, um sein volles Potenzial entfalten zu können, da die Geschmacksrezeptoren vom hohen Alkoholgehalt beeinflusst oder sogar „betäubt“ werden.

Wasseraufbereitung

Beim Herabsetzen des Destillats auf Trinkstärke ist darauf zu achten, dass nur Wasser mit Trinkwasserqualität verwendet wird. Das Wasser sollte einen Härtegrad von 3 °dH (dH = deutsche Härte) nicht überschreiten. Wird ein zu hartes Wasser verwendet, können in der fertigen Spirituose Trübungen auftreten. Die Ursache für diese Trübungen sind Calcium- und Magnesiumsalze, die sich in Alkohol-Wasser-Mischungen viel schlechter lösen als im reinen Trinkwasser.

Kationenaustauscher

Diese Kationenaustauscher funktionieren mit Austauscherharzen. Hierbei werden Calcium- und Magnesium-Ionen durch Natrium-Ionen ausgetauscht.

Wichtig ist, dass der Härtegrad des Wassers regelmäßig überprüft wird. Steigt der Härtegrad an, sollte der Wasserenthärter schnellstmöglich regeneriert werden, um Härtetrübungen im Destillat zu vermeiden.

Kationenaustauscher zur Wasseraufbereitung des Verschnittwassers.

Heruntersetzen auf Trinkstärke

Hierbei sind einige Faktoren zu berücksichtigen. Zum einen sollte das verwendete Verschnittwasser Trinkwasserqualität (TrinkwV 2001) haben und nicht mehr als 3 °dH aufweisen, da es sonst zu Trübungen im Produkt kommen kann.

Zum anderen erfolgt, wenn Alkohol und Wasser gemischt werden, eine Änderung der Dichte. Werden beispielsweise 100 l Alkohol und 100 l Wasser miteinander gemischt, entstehen keine 200 l Alkohol-Wasser-Mischung mit 50 % vol, sondern 193 l Alkohol-Wasser-Mischung mit 51,3 % vol. Diesen Effekt nennt man **Kontraktion**, eine Dichteänderung durch Zusammenziehen. Werden jedoch 50 kg Alkohol und 50 kg Wasser gemischt, entstehen 100 kg Alkohol-Wasser-Mischung. Es kommt zu einer Volumenänderung, aber keiner Massenänderung.

Es ist sinnvoll Destillate, die heruntergesetzt werden, zu wiegen und mit Hilfe von Massenprozent (% mas.) auf die gewünschte Trinkstärke einzustellen. In der Amtlichen Alkoholtafel werden Dichte, Massenprozent und Volumenprozent der verschiedensten Alkohol-Wasser-Mischungen aufgeführt. Mit dem Mischungskreuz kann man die benötigte Wassermenge berechnen:

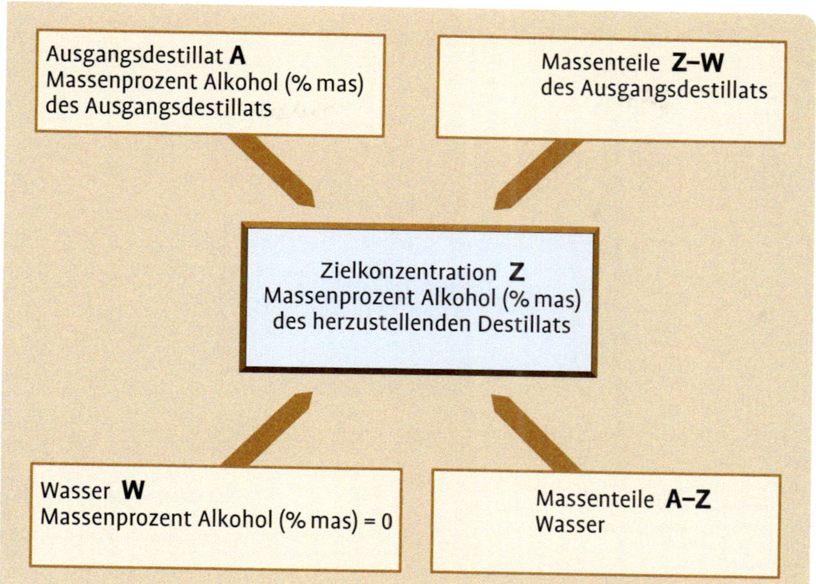

Beispiel-Aufgabe:
Es sollen 20 kg Bierbrand mit 85,72 % vol auf 40,09 % vol (etwa 40,1 % vol) eingestellt werden. Wie viel kg Wasser wird hierfür benötigt?

1. Aus der Amtlichen Alkoholtafel Tafel 6 entnimmt man die Werte:
Ausgangsdestillat: 85,72 % vol → 80,28 % mas → 0,8427 kg/dm³
Zielkonzentration: 40,09 % vol → 33,38 % mas → 0,9479 kg/dm³

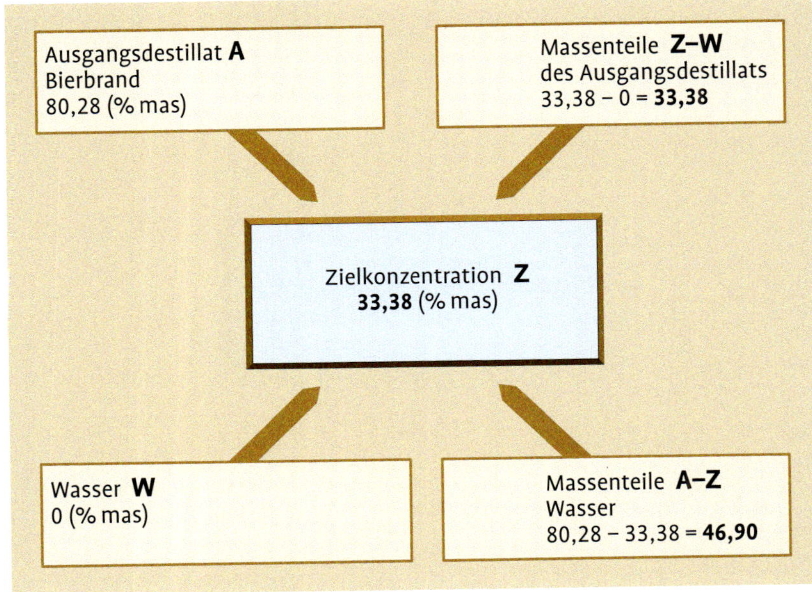

2. Rechnung:
33,38 Massenteile entsprechen 20 kg hochprozentigem Bierbrand
46,9 Massenteile entsprechen x kg Wasser
33,38 = 20 kg
46,9 = x kg

$$x = \frac{20\ \text{kg} \times 46{,}9}{33{,}38} = 28{,}1\ \text{kg Wasser}$$

3. Ausführung: Der Brenner gibt 28,1 kg enthärtetes Wasser zu den 20 kg Bierbrand und hat somit 48,1 kg Destillat mit 40,09 % vol (Wiegefehler vorbehalten). Dennoch sollte der Alkoholgehalt nach dem Zusatz des Verschnittwassers nochmals überprüft werden.

Extrakthaltige Spirituosen müssen einer vorherigen Probedestillation unterzogen werden, um eine Alkohol-Wasser-Mischung zu erzeugen, nur Alkohol-Wasser-Mischungen können mit Alkoholometern gespindelt oder per Biegeschwinger analysiert werden.

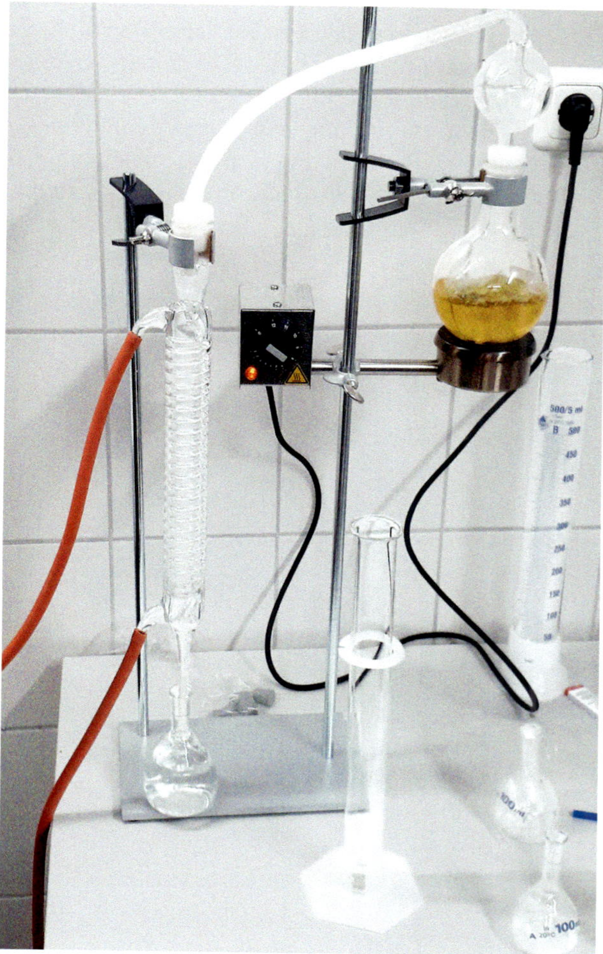

Probedestillationsapparatur zum Bestimmen des Alkoholgehalts in extrakthaltigen Spirituosen.

Filtration

In der Regel werden Destillate einer Kühlfiltration unterzogen, um dem Endverbraucher ein komplett klares Produkt, selbst bei unsachgemäßer kalter Lagerung, anbieten zu können. Durch das starke Kühlen der Spirituose auf 5 °C bis −10 °C sinkt die Löslichkeit vor allem höherer Alkohole, Fette und langkettiger Verbindungen und es entstehen Trübungen. Diese Ausfällungen und Trübungen werden durch die anschließende kalte Filtration entfernt.

Eine Kältefiltration hat jedoch nicht nur Vorteile. Wird das Produkt sehr stark herabgekühlt, fallen nicht nur

Unfiltrierter, trüber Brand bei 4 °C.

Brand nach der Filtration.

negative Bestandteile des Destillats aus, sondern auch maßgebliche Aromakomponenten, die wertgebend für den Geschmack des Destillats sind. Sinnvoll ist es, Destillate bei einer Temperatur von 2–4 °C zu filtrieren. Die Trübung wie auch unangenehme langkettige Verbindungen, die ölig und ranzig schmecken, können entfernt werden, ohne angenehme wertgebende Aromakomponenten gänzlich mit herauszufiltrieren.

Um jeglichen Aromaverlust zu vermeiden, kann auch ganz auf die Kühlfiltration verzichtet werden. Die Destillate werden über sehr grobe Filter oder Siebe von etwaigen Schwebeteilchen befreit. Diese Destillate neigen bei unsachgemäßer kalter Lagerung jedoch zu Trübungen. Unfiltrierte Brände bzw. Destillate erlangen eine immer größere Beliebtheit.

Für kleine Mengen Destillat kann auf Einwegfaltenfilter aus dem Brennereibedarf zurückgegriffen werden. Für Kleinbrenner, welche häufiger filtrieren, ist es ratsam, sich ein **Filtersystem** anzuschaffen. Die gängigsten Filtertypen sind Schichtenfilter oder Kerzenfilter. Sie sind im Brennereibedarf erhältlich.

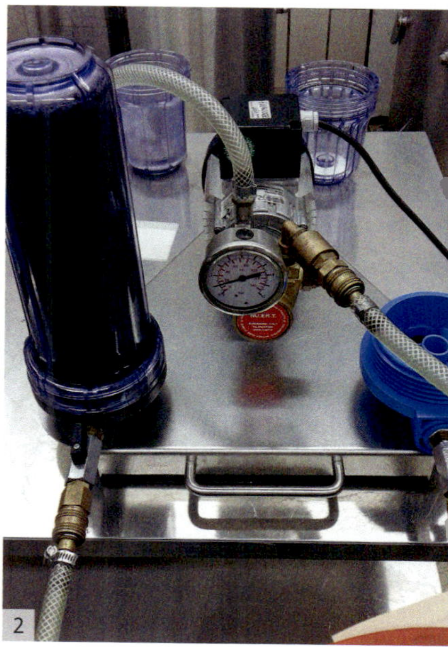

1 Faltenfilter für die Filtration von Kleinstmengen.

2 Kerzenfilter für die Filtration von mehr als 5 Litern.

Abfüllung von Destillaten

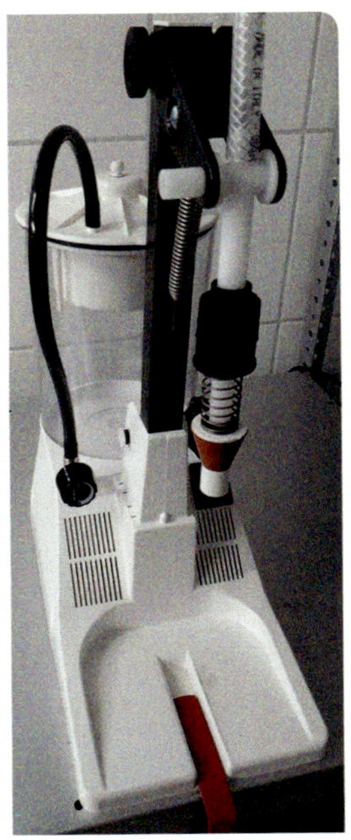

Vakuumfüller für die Handabfüllung von kleineren Mengen.

Es gibt einige Vorschriften, die beim Abfüllen und vor allem auch beim Etikettieren der Flaschen zu beachten sind. Die Füllmenge muss stimmen, die Angaben auf dem Etikett sind genauestens vorgeschrieben und der Alkoholgehalt darf nur maximal 0,3 % vol abweichen. Zudem dürfen gesetzliche Mindestalkoholgehalte nicht unterschritten werden.

Vakuumfüller

Das Abfüllen von Destillaten erfolgt in der Regel mit sogenannten Vakuumfüllern, die die Flasche mit Produkt füllen und mittels Unterdruck die gewünschte Füllmenge in der Flasche einstellen. Kleine Vakuumfüller zum Abfüllen von Kleinmengen sind für etwa 300 € im Brennereibedarf erhältlich. Wer Destillate in Verkehr bringen möchte, muss die Füllmenge mit geeigneten Kontrollmessgeräten kontrollieren, siehe Fertigpackungsverordnung. Die auf dem Etikett angegebene Füllmenge darf nicht unterschritten werden.

Zugelassene Füllmengen für Spirituosen

0,02 l	0,03 l	0,04 l	0,05 l
0,1 l	0,2 l	0,35 l	0,5 l
0,7 l	1,0 l	1,5 l	1,75 l
ab 2,0 l in Literschritten bis 10 l			

Schriftgröße für die Füllmengen-Angabe auf der Flasche

bis 0,05 l	2 mm
über 0,05 l bis 0,2 l	3 mm
über 0,2 l bis 1,0 l	4 mm
über 1,0 l	6 mm

Pflichtangaben auf dem Etikett

- Verkehrsbezeichnung
- Allergene, sofern enthalten
- Losnummer
- Anschrift des Unternehmens bzw. Inverkehrbringers
- Alkoholgehalt
- Füllmenge

Die Kennzeichnungselemente sind an gut sichtbarer Stelle, in deutscher Sprache, leicht verständlich, deutlich lesbar und unverwischbar anzubringen.

Die Angaben der Verkehrsbezeichnung, der Nennfüllmenge und des Alkoholgehaltes sind im **gleichen Sichtfeld** anzubringen. Das bedeutet, diese Angaben dürfen auf dem Etikett nicht zu weit entfernt aufgedruckt werden (z. B. nicht auf gegenüberliegendem Bauch-/ Front- und Rückenetikett), sondern müssen mit einem Blick lesbar sein.

Alkoholgehalt

- Der vorhandene Alkoholgehalt ist in „% vol" mit höchstens einer Nachkommastelle anzugeben. Die Alkoholgehaltsangabe muss eindeutig sein. Angaben wie „ca. oder mindestens xy % vol" oder „42–44 % vol" sind nicht zulässig.
- Das Symbol „% vol" ist in dieser Form und Reihenfolge vorgeschrieben und muss der Zahlenangabe des Alkoholgehalts nachgestellt werden.
- Der angegebene Alkoholgehalt darf vom tatsächlich vorhandenen Wert maximal um 0,3 % vol nach oben oder unten abweichen.
- Der gesetzliche Mindestalkoholgehalt darf nicht unterschritten werden.

Service

Der Autor

Philipp Schwarz studierte an der Hochschule Geisenheim University Getränketechnologie und ist als Brennereileiter der Weyermann® Brennerei in Bamberg tätig. Er ist sensorischer Sachverständiger und DLG-Prüfer für Spirituosen sowie Prüfer bei Kleinbrennerverband-Prämierungen. Philipp Schwarz ist zudem Dozent bei den Destillateurmeistern in Berlin und gibt Lehrkurse und Seminare. Den Lesern der Zeitschrift Kleinbrennerei ist er als Autor von Fachartikeln sowie der Betreuung der Rubrik der Praktiker-Fragen bekannt.

Mehr zum Thema:
Brände, Geiste, Liköre, Spirituosen
Beratung, Seminare
unter
www.schwarz-gebrannt.de

Lieferanten für Brennereiequipment, Zutaten und Zulieferer

Malzfabrik Weyermann®
Mich. Weyermann® GmbH und Co. KG
Brennerstraße 17–19
96052 Bamberg
info@weyermann.de
www.weyermann.de

Arnold Holstein GmbH
Am Stadtgraben 15
88677 Markdorf
www.a-holstein.de

C. Schliessmann Kellerei-Chemie GmbH & Co. KG
Auwiesenstr. 5
74523 Schwäbisch Hall
www.c-schliessmann.de

Literatur

Alkoholhaltige Getränke-Verordnung – AGeV, Ausfertigungsdatum 29.01.1998.

Kreipe, Heinrich. Getreide- und Kartoffelbrennerei. 3. Auflage. Verlag Eugen Ulmer, Stuttgart 1981.

Schwarz, Philipp. Getreideverarbeitung in der Brennerei. Zeitschrift Kleinbrennerei, Ausgabe 08/2016.

Spirituosenverordnung: Verordnung (EG) 110/2008 des Europäischen Parlaments und des Rates vom 15.01.2018.

Register

Bildquellen

Alle Fotos stammen von Philipp Schwarz mit Ausnahme der folgenden:

Arcaion/Shuttercock.com: S. 46 (o.); Arnold Holstein GmbH: S. 19 und 91; Brent Hofacker/ Shutterstock.com: S. 101; Carmen Hauser/Shutterstock.com: S. 52; Deyana Stefanova Robova/ Shutterstock.com:S. 45; Diyana Dimitrova/Shutterstock.com: S. 56; Fotostudio Wagenfpeil: S. 123; Heike Rau/Shutterstock.com: S. 47 (u.); Karissa/Shutterstock.comLakeview: S. 48; Images/ Shutterstock.com: S. 46 (u.); Michael Schroll, Allgäu Getränke GmbH: S. 74; MR. SUWIT GAEWSEE-NGAM/Shutterstock.com: S. 58 (o.); nevio/Shutterstock.com: S. 47 (o.); Pavinee Chareonpanich/Shutterstock.com: S. 54; Springob, Friedrich: Titelfoto, S. 39, 41, 43 und 49 (o.).

Die Zeichnungen auf den Seiten 12, 13, 115 und 116 fertigte Helmuth Flubacher.

Bibliografische Information der Deutschen Nationalbibliothek
Die Deutsche Nationalbibliothek verzeichnet diese Publikation in der Deutschen Nationalbibliografie; detaillierte bibliografische Daten sind im Internet über http://dnb.d-nb.de abrufbar.

Wollgrasweg 41, 70599 Stuttgart (Hohenheim)
E-Mail: info@ulmer.de
Internet: www.ulmer.de
Lektorat: Sabine Drobik, Lisa Seibel
Herstellung: Birgit Heyny
Umschlag-Konzeption: Ruska, Martín, Associates GmbH, Berlin
Umschlag-Gestaltung: Atelier Reichert, Stuttgart
Satz: Fotosatz Buck, Kumhausen
Druck und Bindung: Firmengruppe APPL, aprinta druck, Wemding
Printed in Germany

ISBN 978-3-8186-0340-3